SeaEagle

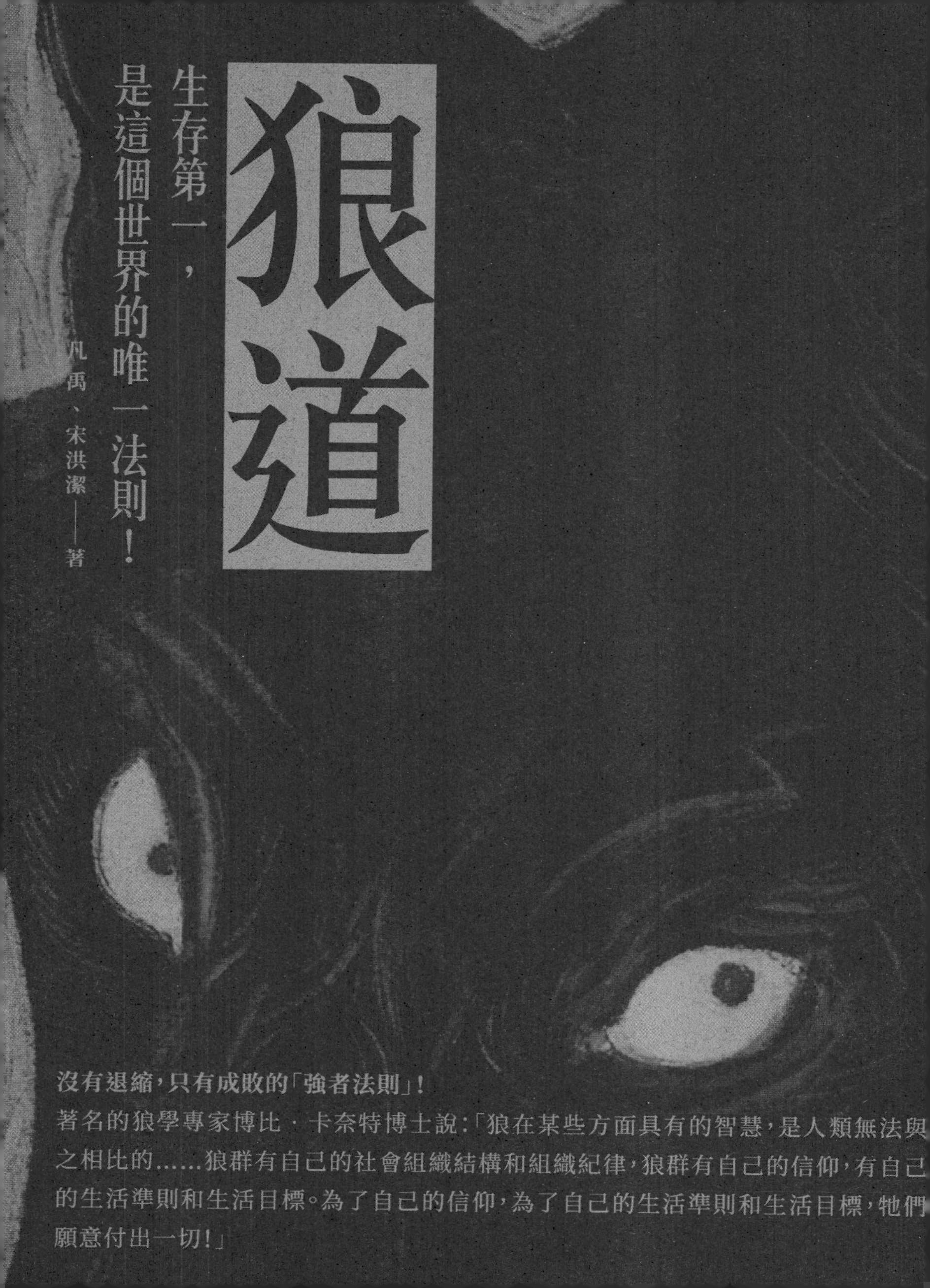

狼道

生存第一，
是這個世界的唯一法則！

凡禹、宋洪潔——著

沒有退縮，只有成敗的「強者法則」！

著名的狼學專家博比．卡奈特博士說：「狼在某些方面具有的智慧，是人類無法與之相比的……狼群有自己的社會組織結構和組織紀律，狼群有自己的信仰，有自己的生活準則和生活目標。為了自己的信仰，為了自己的生活準則和生活目標，牠們願意付出一切！」

前言

狼族在草原上縱橫了百萬年，以自己桀驁不馴的性格，不屈不撓地生存著、繁衍著。事實上，狼有許多不為人知的優秀特質，例如：勇敢，狼可以在關鍵時刻奮力一搏；堅忍不屈，狼既懂得進攻又懂得退守；沉著冷靜，無論形勢多麼險惡，從狼的眼睛裡看不到一絲一毫的慌亂與緊張；善於交流，更善於獨立思考；既懂得遵守狼群紀律，又發揚團隊合作的精神……

正因為如此，無論遭遇多麼惡劣的自然環境，還是面臨多麼強壯的獅虎、凶狠的人類，狼始終佔據在食物鏈的最頂端，頑強地生存下來。

現代的競爭日益激烈，時代呼喚狼性文化。在許多企業家眼裡，狼是一種值得學習的動物，他們紛紛撰文對狼的精神進行評論。

著名的狼學專家博比・卡奈特博士說：「有時候，我會深深地感歎，狼在某些方面具有的智慧，是人類無法與之相比的……狼群有自己的社會組織結構和組織紀律，狼群有自己的信仰，有自己的生活準則和生活目標。為了自己的信仰，為了自己的生活準則和生活目標，牠們願意付出一切，甚至犧牲生命也在所不惜。」

華為公司總裁任正非說：「**狼有三大特徵：一是敏銳的嗅覺；二是不屈不撓、奮不顧身的進攻精神；三是群體奮鬥**。企業要擴張，必須要有這三要素。」

知名企業家張瑞敏說：「狼的許多難以置信的戰法很值得借鑑，其一，不打無準備之仗，組織嚴密，很有章法；其二，最佳時機出擊，保存實力，麻痺對方，並且在其最不易跑動時，突然出擊，置對方於死地；其三，最值得稱道的是戰鬥中的團隊精神，協同作戰，甚至不惜為了勝利粉身碎骨，商戰中這種對手最恐懼，也是最具殺傷力的。」

當代的企業文化，大多滲透「狼性」的文化。每個企業都想打造具備「狼性」素質的員工和團隊，進而依靠狼性的敏銳嗅覺、果敢奮鬥的精神，在國內外的舞台上大展拳腳。企業的發展如此，個人的進步也是如此，一個人想要在白熱化的競爭中謀求生存發展，就必須向狼學習，學習狼的各種優秀素質，打造自己的職場技能，以不屈不撓的意志、永不言敗的心態、團結合作的精神、感恩社會的思想，挑戰環境、挑戰困難、挑戰自己、挑戰他人，把握機會，應對未來。

向狼學習，是為了喚起我們潛在的能力、奮鬥的精神，以及對生活的熱情和強者的心態。

狼道

本書以通俗流暢的語言、生動鮮活的事例，將狼道進行具體而深刻地闡釋，讓讀者從狼身上得到更多的啟示，用狼的智慧激發內心潛能，給工作和生活注入新鮮的血液。

目錄

一第四章一
崇尚自由的狼性

一第五章一
高揚信念，狼族越來越強大

第七章 鎖定目標，持之以恆

第八章 冒險家的遊戲：勇探虎穴，奪取虎子

第五章　欲擒故縱，先放後收

第六章　巧布疑陣，騙殺獵物

第七章　避實擊虛，調虎離山

第八章 出其不意，出奇制勝

第九章 保存實力，果斷放棄

第一篇：草原王者的生存定律

在哺乳動物中，狼的適應能力是最強的，其棲息範圍包括山地、森林、草原等。考察隊在海拔兩千八百～五千兩百公尺範圍內還能見到狼的活動。在海拔五千四百公尺的喜馬拉雅山北麓、聖母峰北坡等地也可看到狼的活動蹤跡。這不能不說，狼確實具有很強的適應能力。

第一章

生存第一，狼族永續

弱肉強食，生存第一

小說《狼王夢》中，有一頭名叫紫嵐的母狼，牠有一顆被權勢欲望膨脹的心，隨時做著成為狼群最高統治者的幻夢。牠用盡一切辦法想把自己的孩子培養成狼王，但都失敗了，到最後悲慘地死去。

為什麼紫嵐不惜一切代價地培養自己的孩子成為狼王？因為牠明白弱肉強食的生存法則。狼，雖然沒有獵豹閃電的速度，也沒有獅虎龐大的身軀，但牠們是最凶猛的動物。狼沒有冬眠的習慣，在漫長而寒冷的冬季，牠們必須四處尋找食物。草原上的狼群，一到冬季，就會由於惡劣的自然條件而被淘汰一部分，但這種淘汰在無形中優化狼群的品種。經歷冬季的考驗之後，生存下來的狼群有比原來更頑強和堅韌的生命力。在遼闊的草原，在潮濕的熱帶雨林，在乾燥的沙漠，在寒冷的北極，在世界上的每個地方都有狼群的身影。

強大的生存能力，是狼族生生不息的主要原因。在動物界中，狼根本就不是上帝的寵兒，尤其是在食肉動物中，沒有絲毫優於其他動物的身體條件。但狼信奉「弱肉強食」的原理，因此牠們才得以永遠地生存下來。

不只是在自然界中存在著強烈的競爭，社會中也是如此。我們不得不承認，這個世界是永遠屬於那些強者的，而弱者只能得到同情和憐憫，弱者是永遠得不到成功的。雖然很殘酷，但卻是真實的。一個人只有心裡充滿必勝的信念，對自己從事的事業確信無疑，並且有堅忍不拔的意志力，才可能邁出堅定的步伐，產生克服困難的力量與智慧，想出解決問題的方法和對策，贏得他人的信賴和支持，才會達到最終的目標。

二十一世紀需要的是適應社會，有實踐能力的人才，不是只會讀書的書呆子。現實中的競爭是那麼的激烈、殘酷。在我們的學習中，大家都在為提高成績而努力，想要進步就要付出比別人更多的努力，社會不會同情弱者，眼淚是沒有用的，只有強者才能生存。弱肉強食才是永恆的生存法則。

我們現在所處的是一個高科技的、日新月異的新時代，也是競爭極為激烈的時代，如果不能使自己意志堅定，在困難面前不氣餒，不放棄，很難在社會中立足。所以，我們不能做一個軟弱的人，不能被困難壓垮，要努力使自己成為一個勇敢、自信的人，成為社會中的強者。

堅忍頑強，狼族永續

漫長冬季，寒風刺骨，大雪紛飛，草原上沒有任何地方可以躲藏，狼群依然能夠相互依偎著來取暖；狼在獵取獵物的時候，會經常遇到獵物的反抗，一些大型獵物有時還會傷害到狼的生命。但是只要狼鎖定目標，不管跑多遠的路程，耗費多少時間，冒多大危險，牠都不會放棄；人類入侵，草原沙化，狼群被趕往更加偏遠的地方，但是牠們依然頑強地生存著。

……

這些都是在說明一個道理，只有堅忍頑強，狼族才能永續。狼如此，人亦如此。漫漫歲月，茫茫人海，生活的道路上充滿坎坷。不管你喜歡不喜歡，不管你願意不願意，壓力、挫折隨時都可能「翩翩而來」。

古今成大事者，不只有超世之才，亦必有堅忍不拔之志。我們需要堅韌，如同荒野中覓食的狼、春風中的野草。

野草的種子在面對石縫時，它沒有抱怨，也沒有退縮、放棄，而是把全部的希望都寄託在泥土中。它珍愛每一束陽光，珍愛每一滴雨露，甚至珍愛每一縷清風。它迎風霜、頂烈日、經風雪，最後仍然煥發出生機盎然的綠色。

應該怎樣看待挫折，怎樣去面對挫折？

「自古英雄多磨難」，歷史上許多仁人志士在與挫折鬥爭中做出不平凡的業績。音樂家貝多芬，一生遭遇的挫折是難以形容的。他十七歲失去母親，二十歲出現耳聾症狀。對一個音樂家來說，耳聾的打擊是多麼的大啊！可是貝多芬不消沉、不氣餒，他在一封信中寫道：「我要扼住命運的咽喉，它妄想使我屈服，這絕對辦不到。」他始終頑強地生活，艱難地創作，成為世界不朽的音樂家。

挫折雖然給人帶來痛苦，但它往往可以磨練人的意志，激發人的鬥志；可以使人學會思考、調整行為，以更佳的方式去實現自己的目標，成就輝煌的事業。**科學家貝佛里奇說：「人們最出色的工作，往往是在處於逆境的情況下做出的。」**因此可以說，挫折是造就人才的一種特殊環境。

然而，挫折不能自發地造就人才，也不是所有經歷過挫折的人都能有所作為。**法國作家巴爾札克說：「挫折就像一塊石頭，對於弱者來說是絆腳石，讓你卻步不前；對於強者來說卻是**

墊腳石，使你站得更高。」只有抱持崇高的生活目標，樹立崇高的人生理想，並自覺地在挫折中磨練，在挫折中奮起，在挫折中追求的人，才有希望成為生活的強者。

面對險境，狼會盡自己的全力去爭取生命。因為牠們懂得，生存第一。只有這樣，狼族才會永續。人類也是如此，即使你現在活得很卑微、辛苦，但都不要輕言放棄，要堅忍頑強，充滿信念地生活下去。

第二章

狼的適應能力最強

物競天擇，適者生存

「物競天擇，適者生存」是大自然的規則，任何生物都無法改變。在狼的生存中，也存在著這種「物競天擇，適者生存」的危機意識。狼族要生存，要繁衍後代、生生不息，就要懂得去認真觀察和尋找目標和獵物，懂得去適應周圍的環境。只有這樣，狼才能夠生存下去，才能在自然界中生存。狼如此，其他動物也是如此。

有一隻鸚鵡飛出籠子逃走了。能夠重新獲得自由是一件好事，但是十幾天後，人們在森林裡發現牠的屍體，在果實纍纍的林子裡，這隻鳥竟然會被餓死。一位打獵的人不禁歎道：「家養的鳥兒，用不著找吃找喝，慢慢就會失去尋食的本領，一旦飛出籠子，難免會餓死。」

這就是「物競天擇，適者生存」的道理。其實，這樣的動物猶如溫室裡的花朵，經不起任何外面世界的風吹雨打。

以下也有一個類似的例子：

國外一家森林公園曾養殖了幾百隻梅花鹿，儘管環境幽靜，水草豐美，又沒有天敵，但是幾年以後，鹿群非但沒有增加，反而病的病，死的死。這大大違背了養殖者的初衷，他們百思不得其解。後來他們接受建議，買回幾隻狼放置在公園裡。在狼的追趕捕食下，鹿群只能緊張地奔跑以逃命。這樣一來，除了那些老弱病殘者被狼捕食以外，其他鹿的體質日益增強，數量也迅速地增長。

這個故事真實地揭示優勝劣汰的自然進化法則。凡是在自然界生存下來的生物，都是在這個自然選擇的條件下的優勝者。

達爾文的進化論在人類世界中同樣適用，整個人類的發展史其實就是一部適應史，人類就是在不斷適應的道路上探索、收穫和走向更加文明與進步的。人們最終的結局之所以會有天壤之別，關鍵在於誰在其中更能以積極進取的熱情和堅忍不拔的理想去適應社會，掌握生存的本領。

適應能力對每個渴望獲得成功的人來說都是非常重要的，或者說這也是他必須具備的基本素質、基本的能力。否則他很難有所發展，註定是一個失敗者。

「自古英才出寒家」，寒家之子，在憂患中學會了克服困難的方法，掌握生存的本領，成為人生的「適者」。那隻飯來張口的籠中鸚鵡在纍纍秋實面前餓死，原因很簡單，物競天擇，適者生存，弱者死亡。

大自然的法則同樣也適用於人類，尤其是在現在這個競爭日趨激烈的社會中，我們的意識、追求、精神狀況、人與人之間的關係都會成為影響我們自身發展的因素。隨著社會的發展，人們面對的生存壓力越來越大，因此我們必須要學會適應，適應自己所處的環境、適應自己所面對的壓力和競爭。

社會是一個大的群體，個人的力量與整個社會環境相比永遠都是微不足道的，所以在適應環境的過程中，每個人一開始扮演的都是一個被動的角色。怎樣才能化被動為主動，把生活的節奏掌握在自己的手中？答案就是學習與變化，不斷去適應。

人生不如意十之八九，也許對於突如其來的災難，也許你沒有任何的心理準備，但一定要冷靜，要學會自己鼓勵自己，讓勇氣和力量在自己心中油然而生。這樣，你內在的能量就好比開了泉眼，泉水自己源源湧出，任何時候、任何狀況，你都可以自己取用。

遇到低潮的時候，你首先要有「活下去」的決心，因為這是「自己鼓勵自己」的先決條件。

你要告訴你自己：我一定要走過這個低潮，我要做給別人看，向所有人證明我的強韌！我要為自己爭一口氣，不要被別人看輕。

有了這樣堅定的信念，你就會從此崛起、無所不能。當然生活中還會有挫折、沮喪和漫漫長夜的等待，只要你秉著一支希望的燭，播下辛勤的種子，人生就會收穫豐碩的果實。

學會適應這種困境，在困境中鼓勵自己。只有這樣，才能走出困境，更頑強地生存下來。

生活，就是生存中發生的事情，生活不會靜如止水、波瀾不驚，我們隨時都會面對各種事情的變故。因此，我們一定要學會適應環境，懂得大自然的規則——物競天擇，適者生存。

認識並且適應環境

在西班牙的山區地帶，曾經生活著這樣一群狼——主要以捕捉當地的岩羊為生。岩羊，就是指那些長期生活在岩石地帶的羊。在這個植被以及其他食草動物十分荒蕪的地帶，狼的食物選擇範圍極小，很少見到其他食草動物，因此為了生存，這裡的狼也只能把這種極難捕捉的岩羊當作主要的獵物。

之所以說岩羊難以捕捉是因為岩羊的身體極為靈活，剛開始，狼因為跟不上岩羊的速度，所以無法捕捉牠們，只能三天兩頭被餓得饑腸轆轆的，整天一副無精打采的樣子。沒過多久，狼群們就意識到了生存的危機正在逼近自己，為了能生存下去，牠們開始苦練攀登的本領，並且以此來捕捉牠們賴以生存的獵物——岩羊。

從這個故事我們可以知道，狼似乎比人類更懂得「物競天擇，適者生存」的道理。牠們能夠清醒地意識到自己的處境，在困境中，牠們積極主動地想辦法改變自己，學習捕食獵物的本領——攀登，進而讓自己更容易適應自身所處的環境，更快、更多、更有效率地捕殺獵物，進而讓自己生存下來。

狼如此，人類也是如此。人們的學習能力是不可小看的，只要我們認識並且適應環境，人們在學習和成長方面具有很大的彈性。也許你覺得自己只具有一方面的特長，其實不是，只要你認識並且適應環境，你就會發現還有一些潛能尚未被開發出來。

尤爾加在底特律生活了一段時間以後搬到了紐奧良。他在底特律時只是一個鉛管匠，努力了好多年，也沒有發展起自己的事業，原因是缺乏資金。

剛搬到紐奧良的時候，他帶著老婆、三個孩子和一百二十美元，那是他全部的家當和資產。搬來後的第一天，他找了八家鉛管公司，可是沒有人願意雇用他，那些人只是告訴他人手已經夠了。

無奈，第二天他跳上一輛公車，走過了一條長長的、繁忙的大街。那條街上有幾家速食店，他記下了窗戶上張貼徵聘店員廣告的店名。走到路盡頭時，他跳上另一輛返回家的車，一路上去了四家速食店，可是都沒有找到工作。

最後，總算第五家的經理對他有點興趣。他向那個經理保證，他工作勤奮，而且做人誠實。那個經理告訴他，薪水相當低。但是他告訴經理待遇不成問題，他會為顧客提供一流的服務。

他的工作一直做得都很努力，結果在六個星期之內，他成為那家速食店的營業部經理。在那期間，他結識了許多顧客，根據顧客的要求，他改善了服務品質，提高了工作效率。九個月以後，這家速食店的老闆把他叫到了辦公室。原來這個老闆除了經營餐飲業之外，還有別的投資項目，尤其是在房地產方面也做得不錯。這個老闆看他的能力很強，也很敬業，就想派他去一座有九十戶的大廈當經理。

他當時就愣住了，然後告訴這個老闆，他只當過鉛管匠，對管理大廈一無所知。但老闆笑著對他說：「我查過你在速食店的記錄，利潤增加了八三％。管理大廈與管理速食店的道理是一樣的——樂於助人、推行計畫和委派。我想你一定能讓大廈保持客滿，準時收到房租，而且保養良好。」

結果他接受那份工作——薪水是他在速食店時的三倍，還有一間漂亮的公寓。兩年後，他已經升為了高級主管，不久以後，他就有了足夠的錢來開創他自己的事業——創辦一家大規模的鉛管企業。

尤爾加選擇了一份很少人願意去做的工作，但是他最終卻成就了自己的事業。所以從哪裡開始不重要，重要的是你知道自己是要到哪裡去。即使你選擇了最不起眼的工作，如果你能讓自己的目標變得明確，就能在平凡的崗位上為不平凡的事業做充分的準備，就能為自己的事業打下堅實的基礎，就可能實現自己的夢想，成為一個成功的人。

認清自我，才能更好地生存下去

狼可以清醒地認識到自己不夠強大，自然規律無法改變，只有以「頑強」與「堅韌」武裝全身，勇於向惡劣的環境挑戰，並且最終戰勝它。因為狼非常清楚地明白，只有認清自我才能更好地生存下去。

認識自我，就是要客觀地評價自己，認清自己的優勢和劣勢，發現自己與眾不同的潛力；認識自己的生理特點，認識自己的理想、信念、價值觀、興趣、愛好、能力、性格等心理特徵。透過對自我的深刻認識，瞭解自己具有的真正價值，進而把自己的價值發揮到極致。

一九九四年，心理學家齊默爾曼提出著名的關於自我意識和自我監控「WHWW」結構。即「Why」（為什麼）、「How」（怎麼樣）、「What」（是什麼）、「Where」（在哪裡）。齊默爾曼認為，自我意識和自我監控可以從「為什麼」、「怎麼樣」、「是什麼」和「在哪裡」這四個基本問題上來進行分析。

「為什麼」即動機，是對是否參與所解決的任務進行決策，體現了個體內部資源的特性。

「怎麼樣」即方法、策略，是對所解決任務的方法、策略進行決策，體現了個體計畫與設計的特性。

「是什麼」即結果、目標，是對所解決的任務取得什麼樣的結果和達到什麼樣的目標進行決策，體現了個體自我察覺的特性。

「在哪裡」即情境因素，是對所解決問題的情境中的物理因素和社會因素進行決策和控制，體現了個體敏銳與智慧的特性。

由此可見，按照齊默爾曼「WHWW」結構，自我意識和自我監控具有動機自我意識和自我監控、方法自我意識和自我監控、結果自我意識和自我監控以及環境自我意識和自我監控這四維結構。

在認識自我這個問題上，我們也可以套用這個結構，從這四個維度來認識自己。看看自己在哪一個維度存在欠缺，進而對自己重新進行設計。

一個情緒化很嚴重的人，他可能具有極高的智商，可是如果他在「為什麼」這個維度有欠缺，也就是說，他缺乏成功的動機和欲望，很難開發出他的智慧潛能。同理，在「怎麼樣」上有欠缺的人，可能整天奔波，卻總是事倍功半；在「是什麼」這個維度上有欠缺的人，不能合理地評估和判斷事情的結果和結果對其人生的重要意義，以致成功會和他失之交臂；「在哪裡」上有欠缺的人，對社會環境以及自己在環境中所處的位置缺乏足夠的認識，容易高估或者低估自己的能力，進而導致自負或者自卑的消極情緒。

這四個維度就是認識自我的魔鏡，只有在這四個維度上對自己有正確的判斷和評價，才能更好地調整自己，不斷完善自己，才能立於不敗之地。

認識自己，就好像多了一雙睿智的眼睛，隨時給自己添一點遠見，一點清醒，一點對現實更為透徹的體察與認知。藉由這份認知，可以少做很多日後追悔莫及的事情。這就是告訴我們，經常把「自己」放在嘴裡嚼一嚼，不比捶胸頓足多費力氣。

適者生存，越強越適應

一億年前，地球上到處都是體積碩大的恐龍。後來地球上發生變故，恐龍因為無法適應這種變故而滅絕了。

其實，在生活中永遠都不存在強者生存的道理，當然更不可能是弱者生存，最終可以取得生存的必然是那些適應環境的人。只有這些人才能真正明白生存的意義，也才會堅定地生存下去。其實適應環境的人就像竹子一樣有韌性，很能適應大風天氣。於是我們經常會看到，當枝繁葉茂的大樹被大風連根拔起的時候，那些非常柔韌的竹子卻可以好好地生長下去。

多注意自己的生存環境，進而打造屬於自己的舞台，在這個舞台上發揮自己的能力。

春秋戰國時期，有一次，墨子經過一家染坊，他看到工匠們將雪白的絲織放到不同的染缸中，浸泡了一段時間後取出來再看時，已經有了不同的顏色。如果再經過晾曬，這些顏色就十分牢固地附在上面。墨子看著看著，不禁發出感歎，本來還是雪白的絲織品，但是如果放到青色染缸，浸泡出來的必然是青色；如果放到黃色染缸，浸泡出來的就是黃色。因為不同染缸有不同的色，所以染出來的布匹顏色也就不同了。如果把白絲先後放到不同顏色的染缸裡各染一遍，它會立即改變多種顏色。如此說來，染絲的時候應該謹慎從事。其實一個人在人世間，當他身處五顏六色的社會大染缸時，一定要牢記近朱者赤，近墨者黑的道理。只有做到擇其善者而從之，才能夠讓自己健康地成長。

要適應環境，還必須有上進心。上進心，就是努力向前，立志有所作為的一種心理品格。上進心，實際上就是一種積極進取的動機。有些人沒有上進心，其主要原因是：

一是受到過挫傷。也許原來有上進心，但是由於別人對他的上進心不屑一顧，甚至言辭中常露出諷刺、挖苦之意。他的積極性受到了打擊，乾脆就放棄了努力。

二是人自身的問題。不能對自己做出正確評價，不能自我調節、自我監督，因此不能自我教育、自我激勵。

人必須有上進心，上進心是可以培養的。關鍵是要不斷地積極地尋求他人的鼓勵和自我鼓勵。最重要的還是自我鼓勵，這不禁讓人想起了一個故事：

有一位了不起的品酒師，他的朋友邀請他去自己家，因為朋友有一些非常古老的有價值的酒，想給品酒師看看他的收藏。朋友想得到品酒師的讚賞，就拿出一種最名貴的酒。那個人品嘗了一下，卻沉默不語。他沒有說任何話，甚至沒有說它是好的。

那個朋友覺得受了傷害，便又拿出一種非常粗糙的普通的酒。品酒師品嘗了一下說：「很好，非常好！」收藏家糊塗了，他說：「我被你搞糊塗了，我給你最稀有、最名貴的酒，你保持沉默；但對這種普通的酒，一點都不名貴、粗糙的酒，你卻說：『很好，非常好！』」鑑賞家說：「對第一種酒，沒有人需要說什麼，它本身就是說明；但對第二種，必須有人讚揚它，不然它會受挫！」

人不合群不是天生的，而是後天環境造成的。因此，要自我反省是否有不合群的傾向，一旦有，一定要盡早糾正。同時必須明白，想要合群，首要的是自己去努力爭取。

其實，很多人不合群往往是不自信的表現。有人說偉大的人多半孤獨，意思是說他們不合群。同樣地，有些人也是因為自卑而產生孤獨，他們害怕與別人交往。因此，他們忍受著孤獨，最後因為自卑情結而終成大業。這樣的不合群者要自我寬慰，不要把陌生人想得如狼似虎，要和他們平等交往，自然能夠很快融入集體。

愛默生說：**「找到朋友的唯一方法，是使自己成為別人的朋友。」**被人相容的人，首先是要肯於相容的。適者生存，越是強大的，往往越是適應的。

生存是狼追求的最根本目標，在幾千年的與自然、與人類、與猛獸的殘酷競爭中，狼深刻地懂得了「物競天擇，適者生存」這個自然定律。

大自然的法則同樣也適用於人類，尤其是在現在這個競爭日趨激烈的社會中，我們的意識、追求、精神狀況、人與人之間的關係都會成為影響我們自身發展的因素。

隨著社會的發展，人們面對的生存壓力越來越大，因此我們必須要學會適應，適應自己所處的環境、適應自己所面對的壓力和競爭。

第三章

狼是天生的野心家

野心是成就夢想的第一步

野心，是我們經常聽到的一個詞，詞典裡的解釋是：「對領土、權力和各種利益的巨大而非分的欲望。」這樣看來，野心是一種欲望，而且是一種巨大而非分的欲望。通常，如果說一個人有野心，大多對這個人很有看法，似乎是一個貶義詞。其實不是。野心是成就夢想的第一步。沒有野心的人，是永遠也不會成功的，只能在競爭中被淘汰掉。

隨著人類生產力的發展，物質生活水準的整體提高，社會生存的競爭也越來越激烈。想要在激烈的競爭中站穩腳步，沒有野心是不行的。也許你會說，現在很多人在崇尚「知足常樂」，固然，「知足常樂」可以作為一種生活態度，但我們生活在這個世界上，就要不斷地努力奮鬥，不斷地向另一個目標前進。事實上，一個沒有野心的員工，已經將自己推到了失業的邊緣。

李某曾經在一家合資企業擔任財務長，在成為財務長之前，他工作非常賣命，並且做出優秀的成績。老闆非常賞識他，第一年就把他提拔為財務部經理，第二年提拔為財務長。

坐上財務長職位後，拿著豐厚的薪水，駕著公司配備的專車，住著公司購買的房子，他的生活品質得到很大的提升。然而，他的工作熱情卻一落千丈，他把更多的精力放在了享樂上。

朋友問他還有什麼追求時，他說：「我應該滿足了，在這家公司裡，我已經到達自己能夠到達的頂點了。」李某認為公司的CEO是董事長的侄子，自己做CEO是不可能的，能夠做到財務長就到達頂點了。

他在財務長的位置上坐了差不多一年的時間，卻沒有做出一點值得一提的業績。朋友善意地提醒他：「應該上進一點了，沒有業績是很危險的。」

沒想到，李某竟然說：「我是公司的功臣，而且這家公司離不了我李某，老闆不會把我怎麼樣的！」

他甚至在心裡對自己說，豐厚的薪水永遠屬於我，車子永遠屬於我，房子永遠屬於我，沒有人可以奪去，因為沒有人可以替代我。確實，公司很多工作都離不開李某。然而，他的糟糕表現還是讓老闆動了換人的念頭。終於，在一個清晨，李某駕著車，和往日一樣來到公司，優越感十足地邁著方步踱進辦公室裡，第一眼看到的卻是一份辭退通知書。

被辭退了，豐厚的薪水沒了，車子不得不還給公司。而且，他還從舒適的房子裡搬了出來，不得不去租一間小得可憐的、上廁所都不方便的小套房。

野心是進取的動力；是狂熱的導火線；是邁向成功的第一步。因此，培養自己的野心吧！只有具有遠大的理想、崇高的抱負的人，才能取得成功，才能做出一番驚天動地的事業來，否則只能成為一個平庸無為的人！

擁有像狼一樣的野心

狼的一生就是不斷地尋找新的獵物作為目標。正是這種「狼子野心」促使狼群不斷地獵取大量食物，進而雄踞食物鏈的頂層。在狼的血液裡，奔湧著狂亂的野性，狼的胸腔裡搏動的是一顆不安分的心。狼是天生的野心家。人類的生存過程其實和狼是一樣的，也是在不斷地樹立一個又一個目標，又不斷地實現一個又一個目標。

法國的傳媒大亨巴拉昂是以推銷裝飾肖像畫起家的，在不到十年的時間裡，他迅速躋身法國五十大富豪之列，一九九八年他因患前列腺癌在法國博比尼醫院去世。臨終前，他留下遺囑，將他四・六億法郎的股份捐贈給博比尼醫院，用於前列腺癌的研究，另有一百萬法郎作為獎賞，獎給那些揭開貧窮之謎的人。

巴拉昂去世以後，法國《科西嘉人報》刊登了他的這份遺囑。遺囑是這樣寫的：我曾經是一個窮人，去世時卻以一個富人的身分走進天堂之門。現在，我把自己成為富人的秘訣留下，即「窮人最缺少的是什麼」，找到答案的人將得到我的祝福，並且得到我留在銀行私人保險箱裡的一百萬法郎，那是對睿智地揭開貧窮之謎的人的獎賞。

這份遺囑刊出後，《科西嘉人報》收到大量的信件，有人說這是報紙為提高發行量在進行炒作。有很多人寄來自己的答案，這些信件中，有人認為窮人最缺少的就是金錢，有人認為窮人最缺少幫助與關愛，有人認為窮人最缺少的是智慧，也有人認為窮人最缺少的是機會……總之，答案五花八門，應有盡有。

在巴拉昂逝世一週年紀念日，他的律師和代理人在公證部門的監督下，打開了銀行內的私人保險箱，公開了他致富的秘訣：窮人最缺少的是野心。

所有人都感到意外，更讓人感到意外的是，一位年僅九歲的女孩卻寫出了正確答案。為什麼只有九歲的女孩能想到窮人最缺少的是野心？在接受一百萬法郎頒獎時小女孩解釋了其中的原委，她說：「每次，姐姐把她十一歲的男朋友帶回家時，總是警告我說：『你不要有野心啊！』所以我想，也許野心可以讓人得到自己想要的東西。」

謎底揭開以後，整個法國都震動了，並且波及英美。一些富人談論此話題時，也毫不掩飾地說：野心確實是一劑「治貧」良藥。

野心是一劑「治貧」良藥，也是致富的靈丹。

如果一個人追求的只是一種平常、閒適的生活，只是有飯吃、有床睡、有衣穿，當擁有了最基本的物質生活保障時，就停滯不前、不思進取、得過且過、沒有任何野心，他註定不會成為富人，也不會有什麼大作為。

你有野心嗎？如果目前還沒有，就應該加油了。因為野心有助成功，是成功的基石。有了野心，並且把野心貫徹到底，你走向成功的日子就指日可待了。

心有多大，舞台就有多大

狼的野心是眾人皆知的，牠甚至敢向比牠強大幾十倍的動物發起進攻。在牠們的世界裡，沒有懦弱，狂野的進攻是不斷地追求。因為牠們是有遠大目標的動物。人類也是一樣，一個人心有多大，他的舞台就有多大。

從前有兩個兄弟，老大想到北極，老二只想走到北愛爾蘭。有一天，他倆從牛津城出發。結果兩人都沒有到達目的地，但老大到達了北愛爾蘭，而老二僅僅走到了英格蘭北端。

一個具有崇高生活目的和思想目標的人，毫無疑問，會比一個根本沒有目標的人更有作為。**有一句蘇格蘭諺語說：「扯住金製長袍的人，或許可以得到一隻金袖子。」**那些志存高遠的人，所取得的成就必定遠遠離開起點。即使我們的目標沒有完全實現，而為之付出的努力本身也會讓我們受益終生。

幾年以前一個炎熱的日子，一群人正在鐵路路基上工作。這時，一列緩緩開來的火車打斷了他們的工作。火車停了下來，最後一節車廂的窗戶打開了，一個低沉的、友善的聲音響了起來：「大衛，是你嗎？」大衛・安德森——這群人的負責人回答：「是我，吉姆，見到你真高興。」於是，大衛・安德森和吉姆・墨菲——這條鐵路的總裁，進行愉快的交談。在長達一個多小時的愉快交談之後，兩人熱情地握手道別。

大衛・安德森的下屬立刻包圍了他，他們對於他是墨菲鐵路總裁的朋友這一點感到非常震驚。大衛解釋說，二十多年以前他和吉姆・墨菲是在同一天開始為這條鐵路工作的。

其中一個人半認真半開玩笑地問大衛，為什麼他現在還在驕陽下工作，吉姆・墨菲卻成為總裁。大衛非常惆悵地說：「二十三年前，我為一小時兩美元的薪水而工作，吉姆・墨菲卻是為這條鐵路而工作。」

美國潛能成功學大師安東尼・羅賓說：「如果你是一個業務員，賺一萬美元容易，還是十萬美元容易？告訴你，是十萬美元！為什麼？如果你的目標是賺一萬美元，你的打算不過是能糊口就可以了。如果這就是你的目標與你工作的原因，請問你工作時會興奮有勁嗎？你會熱情洋溢嗎？」

夢想越高，人生就越豐富，達成的成就越卓絕。夢想越低，人生的可塑性越差。也就是平常說的：「期望值越高，達成期望的可能性越大。」

一個夢想大的人，即使實際做起來沒有達到最終目標，可是他實際達到的目標都可能比夢想小的人的最終目標還大。所以，夢想不妨大一點，這可謂是人生的哲學。

在狼的眼中，沒有捕捉不到的獵物，就看你有沒有野心去捕；同樣，在人類的眼中，沒有完成不了的事情，就看你有沒有野心。

一第四章一

崇尚自由的狼性

狼的骨子裡有自由的基因

一隻餓得皮包骨的狼拖著疲憊的步伐走到一座村莊旁邊，看見一條壯碩的大狗。狗問狼：「老弟，你怎麼瘦成這樣？」狼歎了口氣，說：「現在生存下來可真難啊，食物難找，有時候拼了老命也弄不到一口吃的。而且草原上陰晴不定，夏天熱得要死，冬天又冷得要命。這些還都好，最可怕的是還要隨時防備獵人設下的陷阱，一不小心，連命都沒了。我長這麼大，連個安穩覺都沒睡過。」

狗聽了以後驚訝地說：「啊？你的遭遇太悲慘了，我比你幸福多了，住在一年四季都溫暖如春的房子裡，而且天天都有好吃的，從來不用愁吃的問題。」

狼的眼睛都亮了，羨慕地說：「你一定要為主人做很多事情吧？」

狗驕傲地說：「什麼也不用做，有陌生人來，我汪汪兩聲就行；主人摸我的時候，我把頭靠上去，搖兩下尾巴就可以了。特別簡單，你如果願意，我可以把你介紹給主人。」

狼一聽非常高興，正準備欣然答應，卻發現狗的脖子上有一條細細的鐵鍊，一直延伸到狗窩旁邊的一根木樁上，鐵鍊周圍的毛都已經被磨掉了很多。

「你的脖子怎麼了？」狼疑惑地問。

「沒什麼，想要生活好是需要一定代價的，這不算什麼。」狗無所謂地說。

這時候，遠處響起人的腳步聲，狼站起來，往樹林當中跑去。狗趕忙問：「老弟，還要不要給你介紹我的主人？」

「還是算了吧，如果用寶貴的自由去換取安逸，我還不如在叢林中受一點苦。」說完，狼便迅速地向叢林深處跑去。

狼的骨子裡有自由的基因，自由是牠們的天性，這已經成為牠們不可改變的高貴基因。我們也是一樣，總是在不斷地追求自由。匈牙利著名詩人裴多菲的那首通俗易懂的詩：「生命誠可貴，愛情價更高。若為自由故，二者皆可拋」，充分表達出自由在人們心目中的地位及人類對自由的追求。

每個人對自己追求的自由生活方式都是不一樣的。一個人儘管受環境的制約，但是他在心理上是完全自由的。

第一，應該懂得人的命運掌握在自己手中，現實中永遠有機會和挑戰。認識到這一點是非常重要的，這意味著人往往是自己剝奪了自己的自由，想要戰勝因此而帶來的心理疾病，必須自己給自己增加自由，至少在認識上要做到。

第二，學會允許自己有點缺點。造成心理問題的原因固然很多，但不允許自己有缺點的完美主義觀點是最嚴重的。事實上，世間是不存在完人的。「人生最大的缺陷是人各有缺陷。」只有當一個人學會坦然地說「我錯了」、「這一點我不如你」的時候，他才可以放鬆自我，自由自在地表現自我、享受生活。

第三，不要怕使別人失望。害怕讓別人失望而壓抑自我的做法經常是造成心理問題的原因。事實上，一個人無論如何也滿足不了所有人的願望，更何況許多自認為「必須」、「應該」的事情也往往出自個人主觀的判斷。

只要自己盡了力，所作所為合乎社會規範（法律、道德等），就不必介意別人失望與否。

第四，還要允許矛盾感情同時存在。正像任何事物都具有兩面性一樣，人的感情永遠具有兩極性，永遠不會統一。愛與恨、苦與樂、勇敢與懦弱、信任與懷疑總是結伴而行。

一個人在心理上同時具有矛盾性的需求不證明其人格的卑劣，承認這是人之常情就不至於徒增緊張，然後進行理智的抉擇，客觀的矛盾就會迎刃而解，心理的自由也會由此獲得。

自由是相對的，愛因斯坦在《我的世界觀》中的一句話或許是對這種意思的最好概括：「人類不可能有哲學意義上的自由。」生活中，我們應該盡可能地追求自由，學會增加心理的自由度。

只為了自由的生活

曾經有一隻母狼，牠在一次尋找食物的途中，掉進獵人的陷阱中。就這樣，這隻母狼被獵人捕獲了。為了馴服牠，就給牠戴上了鐵鎖鏈。這樣，狼就失去最為寶貴的自由。

一般來說，某種動物被人捕獲後，為了暫時生存下來，以等待機會逃跑，都會接受人們施捨的食物，並且搖搖尾巴表示感謝。

然而，狼卻不。這隻母狼拒絕人們拋給牠的任何食物。每到晚上，牠都會對著天空嗥叫，聲音是那麼的淒涼與悲壯。直到死去，牠還是沒有吃人們給牠的任何食物。

這就是狼。不會為了嗟來之食而拋棄尊嚴，向人類搖尾乞憐。狼的生活目的是為了自己神聖不可侵犯的自由、獨立和尊嚴。或者說，狼的生活目的就是生活本身，所有的一切只是為了自己的自由生活。

人類更應該如此。人生在世，要活得有尊嚴，有傲骨，有氣節。

晉代著名的文學家陶淵明的「不為五斗米折腰」，指的就是捨棄物質上的束縛而追求精神上的自由。

陶淵明生性淡泊，一直隱居鄉里，後來因為名氣比較大，被人舉薦，當上了一名縣令。但是做了沒幾天，他認為官場就好像「樊籠」，人處在官場中就會「心為形役」，根本就沒有自由。他在詩中寫道：「羈鳥戀舊林，池魚思故淵」，為得到身心的雙重解放，追求自由的生活方式，在當了七十二天的縣令之後，他終於選擇了自己嚮往的生活方式，隱居田園。

鄉村的美景和親情，極大地激發他的詩情，他的許多優秀作品都是在這個時期完成，並且開創中國詩歌的田園之風。「悅親戚之情話，樂琴書以消憂」，「聊乘化以歸盡，樂夫天命復奚疑」。對自由的追求，使他享受到真正快樂的生活，即使物質上貧苦些，也感覺不到什麼了。

在這個物欲橫流的社會，為了某種欲望，有些人不惜使用各種手段去追求與競爭，有的利用人際關係，有的花費大量金錢，更有甚者不惜出賣青春……最終，他們得到想要得到的東西，卻失去做人最基本的原則與最寶貴的品格——尊嚴。

在人生的道路上，有無數個岔道口，但不論向左走，還是向右走，我們始終都要堅守心中的正義陣地，不要為了滿足一時的利益與虛榮，拋卻個人的尊嚴與自由。自由不只是身體上的自由，更重要的是心靈上的自由。

讓心靈選擇自由

有一個長髮公主叫雷凡莎，她頭上披著很長很長的金髮，長得很美。雷凡莎自幼被囚禁在古堡的塔裡，和她住在一起的老巫婆天天念叨雷凡莎長得很醜。

一天，一位年輕英俊的王子從塔下經過，被雷凡莎的美貌驚呆了，從此以後，他天天都要到這裡來，一飽眼福。雷凡莎從王子的眼睛裡認清了自己的美麗，同時也從王子的眼睛發現自己的自由和未來。有一天，她終於放下頭上長長的金髮，讓王子攀著長髮爬上塔頂，把她從塔裡解救出來。

囚禁雷凡莎的不是別人，正是她自己，那個老巫婆是她心裡迷失自我的魔鬼，她聽信了魔鬼的話，以為自己長得很醜，不願見人，就把自己囚禁在塔裡。

就是因為自己心中的枷鎖，我們凡事都要考慮別人怎麼想，別人的想法深深套在自己的心頭，進而束縛了自己的手腳，使自己停滯不前。就是因為自己心中的枷鎖。我們獨特的創意被抹殺，認為無法成功；告訴自己，難以成為配偶心目中理想的另一半，無法成為孩子心目中理想的父母、父母心目中理想的孩子。然後，開始向環境低頭，甚至於開始認命、怨天尤人。

人的一生確實充滿許多坎坷，許多愧疚，許多迷惘，許多無奈，稍不留神，我們就會被自己營造的心靈的監獄所監禁。而心獄，是殘害我們心靈的殺手，它在使心靈凋零的同時又嚴重地威脅著我們的健康。

巴特先生面臨工作上的瓶頸，他很想突破，但總是有心無力。於是，他決定找心理輔導專家諮商。

他來到了一家心理發展中心，輔導老師為他分析現狀及瓶頸產生的原因，也和他共同擬訂未來的行動方案，協助他改變目前的困境。

然而，經過了幾次協談，巴特先生仍然在原地踏步，不論是分析現況或規劃未來，在諮商的過程中，巴特先生最常說的一句話就是：「我知道……但是……」

我知道我應該要努力走出一條屬於自己的路，但是我擔心自己的能力不夠！

我知道自己最想做的是和藝術有關的工作，但是家人期望我當工程師。

我知道應該要多運動，但是工作實在太忙了，忙得沒有時間。

我知道我要改一改自己的脾氣，但是個性本來就不容易改變。

雖然是一句看起來稀鬆平常，也常被掛在嘴邊的話，但是我們也成為「巴特族」的一員（因為動不動就是），經常講出這樣的話時，就代表我們的思考模式已經習慣地朝向限制性的想法。

限制性的想法像一個無形的牢籠，使人動彈不得，就像一則禪宗公案：

一位弟子來到禪師面前，請求師父教他解脫之道，師父問：「是誰綁了你？」

弟子納悶地看了看自己身上，困惑地說：「沒有人綁我啊！」

禪師笑答：「既然沒有人綁你，為何要求解脫？」

在日常生活中，我們經常不自覺地被一些習慣性的想法所限制，例如：

從來沒有人這樣做過，還是不要冒險吧！

以目前的狀況，絕對不可能完成。

這樣做別人會怎麼想？

這怎麼可能做得到？別傻了。

我看不出有什麼可能性，不可能會成功的。

我的學歷（財力、人力……）不足，還是別妄想了。心靈的力量是很大的，尤其是限制性或負面思考，形成我們的內心對話，往往阻礙了我們邁向成長與成功的可能性。因此，我們就讓心靈選擇自由吧！

狼崇尚和追求高貴的自由，不會為了嗟來之食而不顧尊嚴地向他人搖尾乞憐。因為牠知道，絕不可有傲氣，但不可無傲骨，所以牠們會獨自在茫茫草原哼唱自由的歌。

—第五章—

高揚信念，狼族越來越強大

信念是一種力量

狼無論生活在多麼惡劣的環境中，都能生存下去。這主要是因為狼的心中始終有一種信念在支撐著牠。因此，在狼的眼裡，為尋找食物時的各種磨難只是前進的動力，是取得成功前的歷練。

信念是一種不可抗拒的力量，可以激發你的內在潛能，戰勝困難，度過難關。

兩隻青蛙在覓食中，不小心掉進了路邊一個牛奶罐裡。牛奶罐裡還有為數不多的牛奶，但是足以讓青蛙們體驗到什麼叫滅頂之災。

一隻青蛙想：完了，完了，全完了。這麼高的一個牛奶罐啊，我是永遠也出不去了。於是，牠很快就沉了下去。另一隻青蛙在看見同伴沉沒於牛奶中時，沒有放任自己沮喪、放棄，而是不斷告誡自己：「上天給了我堅強的意志和發達的肌肉，我一定能夠跳出去。」牠每時每刻都在鼓起勇氣，鼓足力量，一次又一次奮起、跳躍——生命的力量展現在牠每次的搏擊與奮鬥裡。

不知過了多久，牠突然發現腳下的牛奶變得堅實。原來，牠的反覆跳動，已經把液態的牛奶變成一塊乳酪！不懈地奮鬥和掙扎終於換來了自由的那一刻。牠從牛奶罐裡輕盈地跳了出來，重新回到綠色的池塘裡。那一隻沉沒的青蛙就那樣留在了那塊乳酪裡，牠做夢都沒有想到會有機會逃離險境。

著名成功學家拿破崙・希爾說：「只要你能想像得出，並且堅信它能夠實現，透過你的不懈努力，就一定能夠獲得成功。」這是在說明信念左右成敗。信念的力量究竟有多大？這是一個難以估量的結果，但信念確實讓無數人成功了。

大名鼎鼎的可口可樂公司，開張的第一年，僅售出了四百瓶可口可樂。

麥可・喬丹曾經被所在的中學籃球隊除名。

賽拉・霍茲沃斯十歲時雙目失明，但她卻成為世界著名的登山運動員。

拉斐爾・詹森，十項全能的冠軍，有一隻腳先天畸形。

賽烏斯博士的處女作《想想我在桑樹街看到的》被二十七個出版商拒絕。但是他沒有放棄，終於，第二十八家出版社——文戈出版社看中了該書的潛在市場價值，很快出版並發行了六百萬冊。

《心靈雞湯》在海爾斯傳播公司受理出版之前曾遭三十三家出版社拒絕。全紐約主要的出版商都說：「書確實好得很，但沒有人愛讀這麼短的小故事。」然而現在《心靈雞湯》系列在世界各國售出了一千七百萬冊，並且被翻譯成二十種文字。

一九三五年，《紐約先驅論壇報》發表的一篇書評，把喬治‧格斯文的經典之作《鮑蓋與貝思》評論為「道地的激情的垃圾」。

一九〇二年，《亞特蘭蒂克》月刊詩歌版編輯退還了一位二十八歲詩人的作品，退稿上寫：「我們的雜誌容不下你如此熱情洋溢的詩篇」。那個二十八歲的詩人叫羅伯特‧佛洛斯特。

一八八九年，魯德亞德‧吉卜林收到聖佛朗西斯科考試中心的如下拒絕信：「很遺憾，吉卜林先生，你確實不懂得如何使用英語這種語言。」

艾利斯‧哈利還是一個尚未成名的文學青年時，在二〇〇四年中他每週都能收到一封退稿信。後來，哈利幾欲停止寫作《根》這部著作，並自暴自棄。如此九年，他感到自己壯志難酬，於是準備跳海，了此一生。當他站在船尾，看著波浪滔滔，正欲跳海，突然他聽到自己所有的先人都在呼喚：「你要做你該做的，因為現在我們都在天國凝視著你，切勿放棄！選你能勝任，我們期盼著你！」在以後的幾週裡，《根》的最後部分終於完成了。

約翰・班揚因其宗教觀點而被關入貝德福監獄，在那裡他寫出《天路歷程》；雷利爵士在身陷囹圄的十三年中寫出了《世界史》；馬丁・路德被羈押在瓦爾特堡時譯出了《聖經》。

湯瑪斯・卡萊爾的《法蘭西革命》一書的手稿被朋友的僕人不慎當作引火之物，然而卡萊爾只是平靜地又從頭寫出一部《法蘭西革命》。

一九六二年，四名少女夢想開始專業歌手的生涯。她們先是在教堂中演唱並舉辦小型音樂會，後來灌製了一張唱片，但未獲成功。接著又灌製一張唱片，但銷路極差。第三張、第四張、第五張直至第九張唱片都未能走紅。一九六四年，她們因為《偵探克拉克的表演》而小有聲名，但這張唱片也是訂貨寥寥，收支僅僅持平。那年年底，她們錄製了《我們的愛要去何方》，結果榮登金曲排行榜榜首。黛安娜・羅絲及其「至上女聲」組合開始贏得人們的認可，引起樂壇轟動，聲名鵲起。

溫斯頓・邱吉爾被牛津大學和劍橋大學以其文科太差而拒之門外。

美國著名畫家詹姆斯・惠斯勒曾經因為化學不及格而被西點軍校開除。

一九〇五年，艾爾伯特・愛因斯坦的博士論文在波恩大學未獲通過。原因是論文離題，而且充滿奇思怪想。愛因斯坦感到沮喪，但這未能使他一蹶不振。

困難重重，幸而這些人沒被挫折、失敗嚇倒。相反地，他們重新考慮那些權威們下的結論，並且否定這些結論。所以，他們是偉人，歷史也記錄下他們的名字。

信念讓狼族越來越強大

在北歐草原上生活的狼，為了捕獲極善於奔跑的馴鹿，事先會經過非常周密的計畫。有時候，為了捕獲獵物，牠們甚至幾天之內都不進食。狼這樣做其實是非常冒險的，因為還沒有到手的獵物永遠都是未知數。但是，狼群就是憑藉自己的這個信心，這份信念，在草原上延續了百萬年，其種族也越來越強大。

人生是需要信念的，如果在生命裡剔除信念，生命的存在也就無異於行屍走肉。如果沒有堅定的信念支撐，成功也無從談起。卡內基說：「給自己樹立一個信念，去幫助你的理想。那樣一來，成功的路再難走，你也會走下去，完成它。」沒有自信，就會在困難面前認輸，敗下陣來，有自信就能應對各種困難，在任何情況下，都能調動智慧去克服面臨的難題。

日本的小澤征爾有一次去歐洲參加音樂指揮家大賽，決賽時，他被安排在最後一位。小澤征爾拿到評審交給的樂譜後，稍微準備，便全神貫注地指揮起來。突然，他發現樂曲中出現了一點不和諧。至此，他認為樂譜確實有問題。可是，在場的作曲家和評審會的權威人士都鄭重聲明：樂譜不會有問題，是他的錯覺。面對幾百名國際音樂界的權威人士，他難免會對自己的判斷產生猶豫，甚至動搖。但是，他考慮再三，堅信自己的判斷是正確的。於是他斬釘截鐵地大聲說：「不，一定是樂譜錯了。」評審席上的那些評審們立即站了起來，向他報以熱烈的掌聲，祝賀他大獎奪魁。

原來這是評審們存心設下的一個圈套，以試指揮家們在發現錯誤而權威人士不承認的情況下，是否能堅持自己的正確判斷。因為只有具備這種素質的人，才能真正稱得上世界一流的音樂指揮家。三名選手中，只有小澤征爾堅信自己的判斷不會錯，而大膽地否定權威們的意見，因而獲得這次世界音樂指揮家優秀獎。

缺乏自信的人在權威面前只有俯首稱臣，不敢相信自己，只能相信權威。只有自信心極強的人，才能堅持自己的看法而無視權威的地位，小澤征爾就是因為自信而取勝的。

熱愛自己的生命就是要相信自己生命的價值，相信自己會獲得成功。有了這一點，就有了成功的機會。

美國有史以來少數幾本最偉大最具鼓勵性的書籍中，有一本是克勞德・布里斯托爾所寫的《信念的魔力》，是最具科學性和說服力的。他真心相信這項精神原則：「只要你有堅定的信念，事事皆有可能。」信念會讓你越來越強大。

一九〇一年諾貝爾文學獎得主蘇利·普魯東在與年輕人對話中曾經說：「人類常幻想飛鳥的探險，卻不敢進一步擁有跟飛翔同樣大膽的意志！」

信心是一個人經營強項的一塊偉大的奠基石。在人們做出努力的所有方面，信心都能創造奇蹟。誰能估計人們取得偉大成就過程中信心的巨大作用力，誰又能估計那種有助於消除障礙、有助於克服各種艱鉅困難的信心的巨大作用力。

人生是輝煌還是平庸，是偉大還是渺小，與信心的遠見和力量成正比。

信心總是先行一步。信心是一種心靈感應，是一種思想上的先見之明，這種先見之明能看到肉眼所看不到的景象。信心是一個導遊，它幫我們開啟緊閉的大門，它能看到障礙背後的光明前景，它幫我們指點迷津，而那些精神能力稍差一些的人是看不到這條光明大道的。

導致那些偉大發現的往往是高貴的信心而非任何懷疑畏難情緒。是信心，是高貴的信心一直在造就偉大的發明家和工程師，以及各行各業辛勤努力而成績斐然的人們。那些對將來絲毫不存恐懼之心的年輕人往往都是深信自己能力的人。自信不僅僅是困難的剋星，還是貧苦人的朋友，也是貧苦人最好的資本。無資財但有巨大自信心的人往往能鬼斧神工般地創造奇蹟，而只有資財卻無信心的人則經常招致失敗。

如果你相信自己，與你貶損自己、缺乏信心相比，你更可能取得巨大的成就。如果你能衡量自己的信心大小，便能據此很好地估計自己的前途。信心不足的人不可能發掘強項，不可能成就大事。如果一個人的信心極弱，他的努力程度也就微乎其微。

茫茫草原，捨我其誰

狼是陸地動物的強者、草原上的霸主。牠們在險惡中抗爭，在競爭中成長，在牠們自信的眼神裡永遠充滿著捨我其誰的霸氣。茫茫草原，捨我其誰，這就是狼的霸氣與自信。

無論是在機會還是在困難面前，我們都要對自己說：「捨我其誰！」我們有這樣的豪氣和霸氣時，必定可以無往而不勝！

其實，信心的威力，沒有什麼神奇或神秘可言。信心產生作用的過程其實很簡單：相信「我確實能做到」的態度，產生能力、技巧這些必備條件，每當我們相信「我能做到」時，自然就會想出「如何去做」的方法。

中國古代有一個列子射箭的故事，頗能引人深思：

列禦寇是古代一位射箭能手，他劍術高超，傳說他的箭法百發百中，非常精確，在當時無人能及。

有一個叫伯昏無人的人也聽說列禦寇是一位射箭高手，但是他並未親眼見過，也不知道列禦寇除了是一位射箭高手之外還有無別的過人之處。於是為了瞭解列禦寇其人，有一天，伯昏無人就邀請列禦寇來他的練箭場來表演箭術，同時邀請了很多當時很有威望的人一同參加。

列禦寇如期而至，寒暄一番之後，在座的客人都要求列禦寇表演他高超的箭術，伯昏無人也對列禦寇說道：「今天大家來都是想欣賞你的箭術的，你就露兩手吧！」於是列禦寇換了身裝束，拿出弓箭。他先表演了百步射靶，果然每一箭都正中靶心，非常精確。在座的客人都非常敬佩，紛紛拍手稱好，但伯昏無人並未表示什麼。

列禦寇為了顯示自己射箭不僅精準而且穩如泰山，於是吩咐手下取了一滿碗水，大家都在疑惑是否列禦寇口渴要喝水時，他又拉滿了弓，然後讓人把碗放在自己的手腕上開始射箭。射完一箭又一箭，一箭連著一箭地射，每次箭頭都射進了靶心，由於射得多了，以至於箭在靶上竟然重疊了起來，一支箭射出時，另一支箭又放在了弓弦上。這時的列禦寇卻絲毫未動，面無表情，專心地射箭，遠遠看去就好像一座雕塑一樣。再看他手腕上碗中的水，竟一滴都沒有灑出來。看到這裡，在場的人先是目瞪口呆，緊接著就是一片歡呼，叫好聲不斷。

信心十足、胸懷霸氣的人，敢於大膽地去想像，敢於發表自己的見解，能夠不失時機地捕捉機會。因此，不管前進的道路多麼艱難，他們最終都能跨過崎嶇、越過坎坷，登上成功的巔峰。

「捨我其誰」的王者霸氣是人生不竭的動力，是世界上偉大的力量。人只有在自信的時候，他的潛能才能被激發，進而帶來強烈的行動力、影響力，最終邁向成功。

相信自己是最棒的

在狼族中，每一隻狼都能認識到自己的價值，都認為自己生下來就是唯一的，是與眾不同的。牠們相信自己，無論什麼境遇，都能捕捉到獵物，以一種自信的姿態立於茫茫草原上。

有一人在屋簷下避雨，看見觀音正撐傘走過。這個人說：「觀音菩薩，普度一下眾生吧，帶我一段路如何？」觀音說：「我在雨裡，你在簷下，而簷下無雨，你不需要我度。」

這個人立刻跳出簷下，站在雨中：「現在我也在雨中了，該度我了吧？」觀音說：「你在雨中，我也在雨中，我不被淋，因為有傘；你被雨淋，因為無傘。所以不是我度自己，而是傘度我。你想要度，不必找我，請自找傘去！」說完就走了。

第二天，這個人遇到了難事，便去寺廟裡求菩薩。走進廟裡，才發現觀音的像前也有一個人在拜，那個人長得和觀音一模一樣，絲毫不差。這個人問：「你是觀音嗎？」那個人答道：「我正是觀音。」這個人又問：「你為何還拜自己？」觀音笑道：「我也遇到了難事，但我知道，求人不如求己。」

只有相信自己，才能找準自己的座標。千萬不要自卑，要像狼那樣，雖然不是動物之王，但仍然要活出自我，隨時相信自己。

我們需要正視自卑的存在，不退縮、不蠻幹，盡力克服，努力超越。沒有自信的人生，不僅在精神上存在懦弱、迷茫、疑惑、拘謹等許多缺陷，而且在實際行為上，亦會裹足不前，痛失機會。

一對老夫婦省吃儉用地將四個孩子撫養長大。歲月匆匆，他們結婚已有五十年了，擁有極佳收入的孩子們，正秘密商議著要送給父母什麼樣的金婚禮物。

由於老夫婦喜歡攜手到海邊享受夕陽餘暉，孩子們決定送給父母最豪華的愛之船旅遊航程，好讓老兩口盡情徜徉於大海的旖旎風情之中。

老夫婦帶著頭等艙的船票登上豪華遊輪，可以容納數千人的大船令他們讚歎不已。船上更有游泳池、電影院，真令他們倆感到驚喜無限。

美中不足的是，各項豪華設備的費用皆十分昂貴，節儉的老夫婦盤算自己不多的旅費，細想之下，實在捨不得輕易去消費。他們只好在頭等艙中安享五星級的套房設備或流連在甲板上，欣賞海面的風光。

幸好他們怕船上伙食不合胃口，隨身帶著一箱泡麵，既然吃不起船上豪華餐廳的精緻餐飲，只好以泡麵充饑，間或想變換口味吃吃西餐，便到船上的商店買些西點麵包和牛奶。

到了航程的最後一夜，老先生想想，如果回到家以後，親友鄰居問起船上餐飲如何，自己竟答不上來，也是說不過去。和太太商量後，老先生索性狠下心來，決定在晚餐時間到船上餐廳用餐，反正是最後一餐，明天即是航程的終點，也不怕寵壞了自己。

在音樂及燭光的烘托之下，歡度金婚紀念的老夫婦彷彿回到初戀時的快樂。在舉杯暢飲的笑聲中，用餐時間已近尾聲，老先生意猶未盡地招來侍者結帳。

侍者很有禮貌地請問老先生：「能不能讓我看一看你的船票？」

老先生聞言不由得生氣，「我又不是偷渡上船的，吃頓飯還得看船票？」嘟囔中，他拿出了船票。

侍者接過船票，拿出筆來，在船票背面的許多空格中劃去一格，同時驚訝地問：「老先生，你上船以後，從未消費過嗎？」

老先生更是生氣，「我消不消費，關你什麼事？」

侍者耐心地將船票遞過去，然後說：「這是頭等艙的船票，航程中船上所有的消費項目，包括餐飲以及其他活動，都已經包括在船票內，你每次消費只需出示船票，由我們在背後空格註銷即可。」

老夫婦想起航程中每天所吃的泡麵，而明天即將下船，不禁相對默然。

我們是否曾經想過，在我們來到世界的那一刻，上天已經將最好的頭等艙船票交給我們。是的，我們可以在物質上、心靈上，完全可以享有最豪華的待遇，只要我們願意出示船票。更重要的是，千萬不要浪費了本來屬於我們的頭等艙船票。

也有許多人在他的一生，只是過著猶如以泡麵充饑一般的生活。這並非是他們應有的船票，但是他們未曾想到去使用，或根本不知道船票的價值。

因此，人人都可以過著自己想要的生活，只要你對自己充滿自信，相信自己的能力與價值，生活的每一天都將會是「頭等艙」。

狼是動物中真正的叢林霸主，牠們用生命和智慧馳騁荒野，劃破長空的嘶嚎似乎是在宣揚：縱橫大地，捨我其誰。這是何等的自信與豪邁。我們也要像狼一樣，擁有「天生我材必有用」的自信。只有這樣，我們才會變得強大。

第六章

不甘平庸，活得轟轟烈烈

永遠追求第一

攝影師卡爾・布倫德斯曾經長時間將鏡頭對準狼，他說：「狼的眼睛是你所能想像到的最撼人心魄的東西，牠們的眸子裡包含著北半球所有的野性。」他認為，狼是野性的象徵，是一種特別的動物。

NBA傳奇人物麥可・喬丹總結自己的一生時曾經說：「從『不錯』邁入『傑出』的境界，關鍵在於自己的心態。」這位歷史上最偉大的籃球運動員結合自己奮鬥歷程，只用一句話便顯示了人生成功的最大秘訣。

在工作和生活中，你可以使自己變得很優秀，也可以使自己過得很平庸，這一切不完全取決於別人或者環境對你的需求，關鍵在於你是否擁有一顆進取的心。

在企業中，對工作負責的員工或許可以稱得上是一名稱職的員工，但絕對不是一個優秀的員工。滿足現狀意味著退步，不斷進取才能抵達成功。一個人如果從來不為更高的目標做準備，永遠都不會超越自己，只能永遠停留在自己原來的水準上，被不斷進步的社會和不斷更新的工作淘汰。因此，如果你想在工作中出類拔萃，就必須要有進取心，就必須不能安於自己長時間的平庸。

因此，不管你在什麼行業，不管你有什麼樣的技能，也不管你目前的薪水多豐厚、職位多高，你仍然應該告訴自己：「要隨時擁有進取心，追尋更高目標。」追尋更高目標，便意味著更高程度的自我價值實現，這種強烈的自我提升欲望促成許多人的成功。

超越平庸的生活

狼在奔跑的時候，狂傲的長嘯迴盪在曠野上，傾瀉著牠的野性與傲慢。這就是狼，一個不甘平庸、超越平庸的動物。

平庸是一個老邁的詞彙，這個世界不該存在平庸的年輕人，因為我們是如此幸運，隨時都有超越平庸的時間與機會。

使一個人平庸的原因只會是他的心態，這就像在一場田徑比賽中，沒有人認為最後一名是平庸的，因為他在奔跑，他的血液沸騰著，他的目光是堅定的，我們幾乎很少看到比賽中的最後一名滿臉羞愧，他們同樣用尊嚴與熱情跑過終點。而一個連上場跑一跑的勇氣都沒有的人，一個消極面對平凡生活的人，才是一個真正的平庸者，其悲哀是他將永遠是這個世界的看客，而自己一無所有。

這個世界上絕大多數的人，終生都奔跑在從現實趕往夢想的路上，他們皓首窮經終不得志，但奔跑的過程本身就是一種偉大。做人的姿態和生命的魅力就是在這奔跑之中。享受生命，就是在享受平凡。

在我們有限的生命中，無論做什麼都會有風險，但是如果什麼都不做，安於平庸混日子，那才是最大的風險。平庸無奇的生活，使人的精神處於麻木與半麻木的狀態，猶如待在沒有星星與月亮的黑夜，沒有風沒有鳥，甚至連一點聲音也沒有，除了死寂還是死寂。

我們想要變得優秀，就需要有極高的品格——相信自己，不甘心平庸。高品格不是從天上掉下來的，而是保持高昂的信心，誠心誠意地努力，投入心血智慧以及技能後所得到的結果。它代表的是眾多選擇當中的明智選擇。因此，你做出選擇之後，就會傾注全力達到這樣的標準。

拒絕平庸，要求從自己做起，從現在做起；要求有刻苦敬業、不達目的誓不甘休的精神以及精力。每個人都應該超越自己，拒絕平庸。

愛拼才會贏

《狼圖騰》中有一個故事，人要給小狼搬家，小狼不從，人就用牛車上的繩子套住小狼的脖子，拉著牠走。小狼無法抵抗牛的力量，就用四個爪子杵在地上，一直杵到牠四個爪子都爛了，十個指甲都掉了，卻依然躺在地上打滾，寧死也不屈服，最後連想馴服牠的人都哭了。

這就是狼，不甘平庸和束縛的狼。在牠的身上，我們會發現一種頑強奮鬥、不屈不撓的精神，這正是我們要向狼學習的地方。

奧斯特洛夫斯基在《鋼鐵是怎樣煉成的》一書中這樣寫道：

「人的一生應該這樣度過：當他回首往事的時候，不因虛度年華而悔恨，也不因碌碌無為而羞愧；這樣，在臨死的時候，他就能夠說：『我的整個生命和全部精力，都已經獻給世界上最壯麗的事業——為人類的解放而奮鬥。』」

讓克萊斯勒汽車從破產邊緣起死回生的艾科卡說：「即使遭逢逆境，仍該奮勇向前；即使世界分崩離析，也要不氣餒。」

不要因為一點挫折、失敗就一蹶不振，這是平庸者無能的表現。在這個世界上，不凡的人物都是在挫折中，憑著自己的理想，以及不屈不撓的毅力，勇敢地站起來。

就如美國聯合保險公司的董事長史東先生，他幼年喪父，為了替母親分擔家用，於是出去販賣報紙，當他進入一家飯館叫賣報紙時，一次次地被老闆趕出來，甚至踢出去。雖然吃盡苦頭，但最後以他不達目的不死心的毅力，感動了客人，買了他的報紙，最後終於成為美國的商業鉅子。

英國的瓦特，在母親去世，父親生意失敗，連資助他的人也因經濟不景氣而破產的情況下，仍然堅持自己的理念，花了二十年的時間，發明了蒸汽機。

世間，沒有人能無風無浪平順地過一生，但是逆境絕非人生的絕路。你爬起來向前跨步之時，就是向成功之路邁進了。正如愛迪生所說：「一個人要先經過困難，然後踏進順境，才覺得受用、舒服。」

成功不遙遠，它只是降臨在那些不甘平庸，永遠奮鬥的人頭上。奮鬥會讓平凡的人變得不平凡，讓渺小的人變得高大，讓黯淡的人生變得多姿多彩。成功不會拋棄那些為了它而奮鬥的人，它雖然來得遲，來得不易察覺，甚至在來之前還會給你帶去折磨，但它最終會屬於你。讓我們學著擁有這種力量吧，只要奮鬥，成功就離我們不遠了。

點燃熱情，全力以赴

在狼的世界裡，牠們要不停地奔跑，不遺餘力地向著目標衝去，動作乾淨俐落。狼隨時保持高昂的熱情，全力以赴地朝自己的目標去努力。雖然也曾經有失敗，但是牠們從來不會有軟弱萎靡的時候，始終雙目炯炯，精神抖擻，因為牠們知道自己已經全力以赴了。

在人類世界又何嘗不是如此？點燃熱情，全力以赴才是我們的生存法則。這就如同學一門知識或做一件事情，只滿足於自己想學好做好，是學不好也做不好的，要有溺水者求生一樣的強烈欲望，你才能把自身潛力發揮到極致。

一位獵人帶著他的獵狗外出打獵。獵人開了一槍，打中了一隻野兔的腿。獵人放狗去追。過了很長時間，狗空著嘴回來了。獵人問：「兔子呢？」狗「汪汪汪」地叫了幾聲，主人聽懂了，意思是「我已經盡心盡力了，可還是讓狡猾的兔子逃脫了」。

那隻野兔回到洞穴，家人問牠：「你傷了一條腿，那條狗又盡心盡力地追，你是怎麼跑回來的？」

野兔說：「狗是盡心盡力，而我是竭盡全力！」

無論我們做什麼，還是學什麼，只要我們讓自己的潛能燃燒起來，瘋狂地去做、去學，這個世界上沒有什麼是我們學不會、做不成的。

俗話說得好，天不負人。你付出多少，就會得到多少回報。因此，不要埋怨生活，不要哀歎命運，你盡了最大的努力，生活就會給你最豐厚的回報！

一九四六年，年輕的吉米・卡特從海軍學院畢業以後，遇到了當時的海軍上將李高佛將軍。將軍讓他隨便說幾件自認為比較得意的事情。於是，躊躇滿志的吉米・卡特得意洋洋地談起了自己在海軍學院畢業時的成績：「在全校八百二十名畢業生中，我名列第五十八名。」他以為將軍聽了會誇獎他，孰料，李高佛將軍不僅沒有誇獎他，反而問道：「你為什麼不是第一名？你盡自己最大努力了嗎？」這句話使吉米・卡特驚愕不已，很長時間答不上話。

但是他卻記住了將軍這句話，並且將它作為座右銘，隨時激勵和告誡自己，要不斷進取，永不自滿和鬆懈，盡最大努力做好每一件事情。最後，他以自己堅忍不拔的毅力和永遠進取的精神登上權力頂峰，他成為美國第三十九任總統！卸任以後，吉米・卡特在撰寫回憶錄時，曾經將這句話作為標題：「你盡最大努力了嗎？」

正如企業家王永慶所說：「天下的事情沒有輕鬆、舒服讓你獲得的。凡事一定要經過苦心的追求經驗，才能真正瞭解其中的奧秘而有所收穫。」他又說：「有壓力感，覺得還不夠好，做出苦味來才會不斷進步，一放鬆就不行了。」

事實正是如此，只是感到有一定壓力，不等於竭盡全力，「做出苦味來」，才說明你已努力到十分。你必須用熱情釋放出自己的全部能量，然後才能心想事成。

熱情就如同生命。憑藉熱情，我們可以釋放出巨大的潛能，發展出一種堅強的個性；憑藉熱情，我們可以把枯燥乏味的工作變得生動有趣，使自己充滿活力，培養自己對事業的狂熱追求；憑藉熱情，我們可以感染周圍的同事，讓他們理解、支持你，擁有良好的人際關係；憑藉熱情，我們就可以取得更大的成就。

一個對工作高度負責的人，無論在什麼地方工作，他都會認為自己從事的工作是一項神聖的職業；無論工作中會遇到什麼樣的困難，或是標準要求多麼嚴格，他都會始終如一、盡職盡責地去完成它。

有熱情就能夠使自己受到鼓舞，鼓舞又為熱情提供了充足的能量。只有當你賦予你的工作以崇高的責任感和使命感的時候，熱情才會應時而生。即使你的工作沒有充滿樂趣，但是只要你善於從中尋找和發現樂趣，也就有了熱情。

一個人對自己的工作充滿熱情的時候，他就會全力以赴。這時候，他的自發性、創造性、專注精神等就會在工作的過程中表現出來。

雅詩‧蘭黛是許多年來《財富》與《富比士》雜誌等富商榜上的傳奇人物。這位享有當代「化妝品工業皇后」的女強人白手起家，憑著自己的傑出才能和對工作、事業的高度熱情，成為世界著名的市場推銷專才。由她發起創辦的雅詩‧蘭黛化妝品公司，創造性地實行責化妝品贈禮品的推銷方式，使得公司在眾多競爭對手中一枝獨秀，遠遠走在了同行的前列。她之所以能創造出如此輝煌的事業，主要是靠自己對待工作和事業的熱情和責任。在八十歲前，她每天都能鬥志昂揚、精神飽滿地工作十多個小時，她對待工作的態度和強烈的責任感實在令人佩服。晚年的蘭黛名義上已經退休了，而實際上，她照樣會每天穿著名貴的服裝，不知疲倦地周旋於名門貴戶之間，替自己的公司做無形的宣傳。

和蘭黛敬業的態度相比，仍有許多人對自己的工作一直未產生足夠的熱情與興趣，主要的問題可能就出在他忽視了自己對於這份工作應該負擔什麼樣的責任。

能擁有工作是幸福的。美國汽車大王亨利‧福特曾經說，工作是你可以依靠的東西，是一個可以終身信賴且永遠不會背棄你的朋友。正是基於此，我們才可以說對工作責無旁貸。

由熱愛工作到對工作產生熱忱，是一個熟悉並慢慢深入工作的過程。隨著工作責任感的日益強烈，熱忱可以轉化為熱情。

熱情是積極的能量、感情和動機，在很大程度上決定你的工作結果。這種神奇的力量使他以截然不同的態度對待別人，對待工作。

沒有任何一個人願意與一個整天渾渾噩噩的人打交道，也沒有任何一家公司的老闆會重用一個在工作中萎靡不振的員工。因為一個員工在工作的過程中產生這樣消極的表現，不僅會降低自己的工作能力，還會對其他人產生不良的影響。

IBM公司一位人力資源部長曾經這樣說過，從人力資源的角度而言，我們希望招到的員工都是一些對工作充滿熱情的人。這種人儘管對行業涉獵不深，年紀也不大，但是他們一旦投入工作之中，所有工作中的難題也就不能稱之為難題了，因為這種熱情激發他們身上的每個鑽研細胞。此外，他們周圍的同事也會受到他們的感染，進而產生對工作的熱情。

身在職場，責任感可以點燃員工的工作熱情，使員工在職業道路上走得更遠。沒有熱情，工作如一潭死水，不會有一點誘人的風景。只有點燃熱情，全力以赴，才能讓我們實現心中美好的夢想。即使失敗，我們也是問心無愧的。

有時候，靠單純的判斷不能確定成功的機率，與其在等待中浪費青春與生命，不如在追求中點燃生命。要不甘平庸，活得轟轟烈烈！

—第七章—

特立獨行，狼從不掩飾自己的個性

做真正的自己

狼從不掩飾自己的個性，即使在不同狼群之間，也會存在你死我活的爭鬥，從不屈服，千百年來都在認真做著自己。每個狼群都有屬於自己的領地，領地在狼心目中佔有非常神聖的地位。由於自然環境的限制和人類的捕殺，有些狼群會和另外的狼群爭奪領地。於是兩支狼群之間會有一場血腥的戰爭，最後的勝利者就成為這片領地的主人，而失敗者只能收拾殘兵敗將去尋找另外的領地。

兩支狼群絕對不會為了避免犧牲而共用一片領地，戰敗的一方即使被餓死也不會屈服於其他狼群之下。這就是桀驁不馴，絕不屈服的狼！牠每時每刻都在做著自己。挪威劇作家易卜生有一句名言：人的第一天職是什麼？答案很簡單——做自己。是的，做人首先要做自己，首先要認清自己，掌握自己的命運，實現自己的人生價值，只有這樣，才真正算是自己的主人。

一個衙門的差役，奉命解送一個犯了罪的和尚，臨行前，他怕自己忘帶東西，就編了個順口溜：「包袱雨傘枷，文書和尚我。」在路上，他一邊走，一邊念叨這兩句話，總是怕在哪裡不小心把東西丟一件，回去交不了差。和尚看他有些發呆，就在停下來吃飯時，用酒把他灌醉了，然後給他剃了個光頭，又把自己脖子上的枷鎖拿過來套在他的身上，自己溜之大吉了。差役酒醒以後，總感到少了點什麼，可包袱、雨傘、文書都在，摸摸自己脖子，枷鎖也在，又摸摸自己的頭，是一個光頭，說明和尚也沒丟，但他還是覺得少了點啥，念著順口溜一對，他大驚失色：「我哪裡去了，怎麼沒有我了？」

這雖然是一則笑話，可笑過之後，卻讓人深思。亨利曾經說過：「我是命運的主人，我主宰我的心靈。」做人應該做自己的主人，應該主宰自己的命運，不能把自己交付給別人。生活中，有些人卻不能主宰自己，有些人把自己交付給了金錢，成為金錢的奴隸，有些人為了權力，成為權力的俘虜，有些人經不住生活中各種挫折與困難的考驗，把自己交給上帝。

做自己的主人，就不能成為金錢的奴隸，不能成為權力的俘虜，要不失自我，在各種誘惑面前保持自己的本色，否則就會丟失自己。過於熱衷於追求外物者，最終可能會如願以償，但卻會像差役一樣把最重要的一樣給丟了，那就是自己。

我們有權利決定生活中該做什麼，不能由別人來代做決定。更不能讓別人來左右我們的意志，而自己卻成為傀儡。其實，只有自己最瞭解自己，別人不見得比自己高明多少，也不會比自己更瞭解自身實力，只有自己的決定才是最好的。

我們應該做命運的主人，不能任由命運擺布自己。像莫札特、梵谷，都是我們的榜樣，他們生前都沒有受到命運的公平待遇，但是他們沒有屈服於命運，沒有向命運低頭，他們向命運發起了挑戰，最終戰勝了它，成為自己的主人，成為命運的主宰。

像狼一樣，堅持自己的主張

狼非常有主見，牠不像狗那樣，人云亦云，被人類所馴化。狼不憑仗他人，只憑藉自己的力量在學習與生活中闖下一席之地，有主見，有自己獨到的見解。

生活中，每個人都有自己做人的原則，都有自己為人處世之道，都有自己的生活方式。生活中不必太在意別人的看法，不要為別人的一席話而改變自己。

一個老頭帶著兒子牽著驢去趕集，驢馱著一袋糧食。他們剛出門不遠，道邊便有人對老頭說：「你真傻，為什麼不騎著驢？」於是，老頭便騎上了驢。可走不多遠，又聽道邊有人說：「這老頭心真狠，他自己騎著驢，讓兒子走著。」

老頭聽後，趕緊從驢上下來，讓兒子騎了上去。

可又走沒多遠，又有人對他們說：「這個孩子真不懂事，自己騎驢，讓老人走著。」

兒子一聽，趕快下了驢，讓老頭上去。沒走到集上，又有人說：「這兩人心真壞，讓驢馱著東西，人還騎上去。」

老頭不得不又從驢上下來，連驢馱的糧食他也自己背上了。

老頭沒有主見，一味聽信他人之言。故事到這裡肯定還沒完，說不定過一會兒又有人說他們傻，放著驢不騎。總之，人沒有主見，永遠也不得安寧。

有一位畫家想畫出一幅人人見了都喜歡的畫。畫畢，他拿到市場上去展出。畫旁放了一支筆，並且附上說明：每位觀賞者如果認為此畫有欠佳之筆，均可在畫中做記號。

晚上，畫家取回了畫，發現整個畫面都塗滿了記號——沒有一筆一畫不被指責。畫家十分不快，對這次嘗試深感失望。

畫家決定換一種方法去試試。他又摹了同樣的畫拿到市場展出。可是這一次，他要求每位觀賞者將其最為欣賞的妙筆都標上記號。當畫家再取回畫時，他發現畫面又塗遍了記號——一切曾經被指責的筆劃，如今卻都換上讚美的標記。

「哦！」畫家感慨地說道：「我現在發現一個奧妙，那就是：我們不管做什麼，只要使一些人滿意就夠了。因為，在有些人看來是醜惡的東西，在另一些人眼裡卻是美好的。」

確實如此，眾口難調，一味聽信於人，就會喪失自己，就會做任何事都患得患失，誠惶誠恐。這種人一輩子也成不了大事，他們整天活在別人的陰影裡，太在乎上司的態度，太在乎老闆的眼神，太在乎周圍人對自己的態度。這樣的人生，還有什麼意義可言？

人各有各的原則，各有各的脾氣性格。有些人活躍，有些人沉穩，有些人熱愛交際，有些人喜歡獨處。不論什麼樣的人生，只要自己感到幸福，又不妨礙他人，那就足矣。不要壓抑自己的天性，失去自己做人的原則。

只要活出自信，活出自己的風格，就讓別人去說好了。正像但丁說的那樣：「走自己的路，讓別人去說吧！」

要有自己獨立的思想

狼群在深夜對天空長嚎時，每一匹狼都擁有獨一無二的音調，並且尊重與群體中其他成員之間的差異性。即使是具有最高管理權力的頭狼，也沒有權利去要求其他的狼模仿自己的行為，模仿自己的聲音嚎叫。因為狼有自己獨立的思想。在人生的道路上，我們也要有自己獨立的思想。

有一位教士，從一個村莊回家，經過一個集市，看見一隻漂亮的小鳥，他買下了牠，心想：這隻鳥這麼胖，毛色這麼好，煮來吃一定不錯。

小鳥看出了教士的心思，急忙說：「不要！」教士嚇了一跳，「怎麼，你還會說話？」小鳥說：「是啊，我不單會說話，我還不是一隻普通的鳥。我在鳥的世界裡幾乎也和你一樣，是一個傳教士。如果你答應放我，並且讓我自由，我給你三條讓你受益匪淺的忠告。」教士以為這隻會說話的小鳥一定很有學問，就同意了。

於是，小鳥給了他三條忠告：

第一條：永遠不要相信謬論，無論是誰說的，不管他多麼著名，多麼權威。

第二條：無論你做什麼，始終要瞭解自己的局限。

第三條：如果你做了好事，就不必後悔，只有做了壞事才需要後悔。

多麼精妙的忠告，於是那隻小鳥自由了。

教士一邊高興地往家裡走，一邊想：我將把這三條忠告寫在我房間的牆壁上、桌子上，這樣我就能記住它們，這將非常有教益。

就在這時，他突然看見那隻小鳥站在一棵樹上，放聲大笑。教士問牠為什麼笑，小鳥說：「你這個傻瓜，在我肚子裡有一顆非常寶貴的鑽石，如果你當時殺了我，你會成為世界上最富有的人。」教士有些後悔了，臉上表現出悔色。

於是，他扔掉手裡的書開始爬樹。他一生中從未爬過樹，更何況他已經老了。他向上爬一點，小鳥就飛向更高的樹枝，最後小鳥飛到了樹的頂端。在差不多要被教士抓住的那一刻，教士卻摔下來了，而且還傷得不輕。

小鳥目睹了這一切後說：「瞧你！你現在相信了我的謬論，一隻小鳥肚子裡怎麼會有寶貴的鑽石？隨後你嘗試了不可能——你從沒有爬過樹，更何況你怎麼可能空手抓住一隻會飛的鳥？最後，你使一隻小鳥自由了，你做了一件好事，但你卻後悔了。」

教士的錯誤在於：自己不做客觀的分析和判斷，盲目地相信別人的話，以致三條忠告都違反了，徒勞無獲。作為教士，做出這樣的事情，很具有諷刺意味。現實中遇到事情一定要冷靜分析，讓自己去做客觀的判斷，可別犯教士的錯誤。

一個人應該養成信賴自己的習慣，即使在最危急的時候，也要相信自己的勇敢、毅力與判斷。只要自己心中有一個標準，做到客觀、理智、全面地衡量、分析和判斷，就能做出比較正確的選擇和決定。但是，由於一個人的知識、經驗、思維都是有局限性的，所以聽取別人的意見也很重要，但是不能盲目自信或者不辨是非地盲目聽從他人意見，那是不理智的，容易導致錯誤。

狼從不掩飾自己的個性。即使在不同狼群之間，也會存在你死我活的爭鬥，從不屈服，千百年來都在認真做著自己。我們也應該如此，無論什麼時候，我們都應做獨特的自己，活出自己的個性，活出自己的風采。

—第八章—

自立自強，練就獨立生存能力

要學會獨立生活

狼會在小狼有獨立能力的時候堅決離開牠，狼把牠們趕到原野上，讓牠們自食其力。狼的獨立生存能力正是在這種環境中造就的。

我們也應該一樣，要學會獨立。只有這樣，我們才能更好地生存下去，否則就連基本的生存能力都沒有。

一對夫婦晚年得子，十分高興，把兒子視為掌上明珠，什麼事情都不讓他做，以致兒子長大以後連基本的生活也不能自理。一天，夫婦要出遠門，怕兒子餓死，於是想了一個辦法，烙了一張大餅，套在兒子的頸上，告訴他想吃時就咬一口。等他們回到家裡時，兒子已經餓死了。原來他只知道吃頸前面的餅，不知道把後面的餅轉過來吃。

每個人都渴望自己不斷成長直至成熟，隨著身心的發展，你一方面比以前擁有了更多的自由度，另一方面卻擔負起比以前更多的責任。面對這些責任，有些人感到膽怯，無法跨越依賴別人的心理障礙。依賴別人，意味著放棄對自我的主宰，這樣往往不能形成自己獨立的人格。

如果在遇到問題時自己不願動腦筋，人云亦云，或者趕時髦，盲目從眾，你就失去自我，失去原本應該屬於自己撐起一片天地的機會。

依賴心理主要表現為缺乏信心，放棄了對自己大腦的支配權，沒有主見，總覺得自己能力不足，甘願置身於從屬地位；總是認為個人難以獨立，經常祈求他人的幫助；處事優柔寡斷，遇事希望父母或師長為自己做決定。具有依賴性格的學生，如果得不到及時糾正，發展下去有可能形成依賴型人格障礙。依賴性過強的人需要獨立時，可能對正常的生活、工作都感到很吃力，內心缺乏安全感，經常感到恐懼、焦慮、擔心，很容易產生焦慮和抑鬱等情緒反應，影響身心健康。

要克服依賴習慣，可以從以下幾個方面入手：

第一，充分認識到依賴習慣的危害。要糾正平時養成的習慣，提高自己的動手能力，多向獨立性強的人學習，不要什麼事情都指望別人，遇到問題要做出自己的選擇和判斷，加強自主性和創造性，學會獨立思考問題。獨立的人格要求獨立的思維能力。

第二，在生活中樹立行動的勇氣，恢復自信心。自己能做的事一定要自己去做，自己沒有做過的事要嘗試去做，正確地評價自己。

第三，豐富自己的生活內容，培養獨立的生活能力。在工作中主動要求擔任一些任務，以增強主人翁的意識，使我們有機會去面對問題，能夠獨立地拿主意、想辦法，增強自己獨立的信心。

第四，多向獨立性強的人學習。多與獨立性較強的人交往，觀察他們是如何獨立處理問題的，向他們學習。良好的榜樣作用可以激發我們的獨立意識，改掉依賴這個不良習慣。

憑自己的力量前行

在小狼剛有獨立能力的時候，母狼就會堅決讓牠獨自去執行任務，「狠心」地讓牠們去面對凶險的環境，在實踐中磨練狼應該具有的意志品格。狼認為，要成為一隻真正的狼，就必須憑自己的力量前行，必須自己學會捕捉獵物。

松下幸之助曾經說過一段話：「獅子故意把自己的小獅子推到深谷，讓牠從危險中掙扎求生，這個氣魄太大了。雖然這種作風太嚴格，但是在這種嚴格的考驗之下，小獅子在以後的生命過程中才不會洩氣。在一次又一次地跌落山澗之後，牠拼命地、認真地、一步步地爬起來。牠從深谷爬起來的時候，才會體會到『不依靠別人，憑自己的力量前進』的可貴。獅子的雄壯，就是這樣養成的。」

美國石油家族的老洛克菲勒，有一次帶他的小孫子爬梯子玩，可當小孫子爬到不高不矮（不至於摔傷的高度）時，他原本扶著孫子的雙手立即鬆開了，於是小孫子就滾了下來。

這不是洛克菲勒的失手，更不是他在惡作劇，而是要小孫子的幼小心靈感受到做什麼事都要靠自己，就是連親爺爺的幫助有時也是靠不住的。

人，要靠自己活著，而且必須靠自己活著，在人生的不同階段，盡力達到理應達到的自立水準，擁有與之相適應的自立精神。這是當代人立足社會的根本基礎，也是形成自身「生存支持系統」的基石，因為缺乏獨立自主個性和自立能力的人，連自己都管不了，還能談發展和成功嗎？即使你的家庭環境提供的「先賦地位」高於常人，你也要先降到凡塵大地，從頭爬起，以平生之力練就自立自行的能力。因為不管怎樣你終將獨自步入社會，參與競爭，你會遭遇到遠比學習生活要複雜得多的生存環境，隨時都可能出現或面對你無法預料的難題與處境。你不可能隨時動用你的「生存支持系統」，而是必須要靠頑強的自立精神克服困難，堅持前進！

因此，我們要做生活的主角，要做生活的導演，而不要讓自己成為一個生活的觀眾。

善於駕馭自我命運的人，是最幸福的人。在生活道路上，必須善於做出抉擇，不要總是讓別人推著走，不要總是聽憑他人擺布，而要勇於駕馭自己的命運，調控自己的情感，做自我的主宰，做命運的主人。

要駕馭命運，從近處說，要自主地選擇學校，選擇書本，選擇朋友，選擇服飾。從遠處看，則要不被各種因素制約，自主地選擇自己的事業、愛情和崇高的精神追求。

你的一切成功，一切造就，完全決定於你自己。

你應該掌握前進的方向，把握住目標，讓目標似燈塔在高遠處閃光；你得獨立思考，獨抒己見。你得有自己的主見，懂得自己解決自己的問題。不應相信有什麼救世主，不該信奉什麼神仙和皇帝，你的品格、你的作為，就是你自己的產物。

確實，人若失去自己，則是天下最大的不幸；失去自主，則是人生最大的陷阱。赤橙黃綠青藍紫，你應該有自己的一方天地和特有的色彩。相信自己創造自己，永遠比證明自己重要得多。你應該果斷地、毫不顧忌地向世人展示你的能力、你的風采、你的氣度、你的才智。

自主的人，能傲立於世，能力拔群雄，能開拓自己的天地，得到他人的認同。勇於駕馭自己的命運，學會控制自己，規範自己的情感，善於布局好自己的精力，自主地對待求學、擇業、擇友，這是成功的要義。

狼在艱苦的環境中表現出來的積極、樂觀的精神，不斷努力的意志，給我們帶來很多的啟發。自強不息是我們生命中蘊含的不可阻擋的力量，這種力量會使我們人生中所有的苦難如輕煙一般隨風飄散，然後徹底消失。

第二篇：風骨傲然的狼性本色

狼從來都不畏懼死亡，牠們為了衝垮馬群，不惜犧牲老弱的狼去撕扯周邊壯馬的肚皮，與馬同歸於盡。與群狗的爭鬥中，狼也是前仆後繼，即使是戰鬥到最後一條也毫不畏懼。

第一章

強者心態，勇敢是狼的血性

無所畏懼，狼的本色

一隻綿羊被狼殺死以後，靈魂來到天堂，牠對上帝抱怨說：「你是如此的不公平，狼跑得那麼快，我根本就逃不掉，我下輩子再也不要做綿羊。」上帝說：「好的，我答應你，我將給你強壯的四肢，不僅跑得快，而且後腿還能做攻擊的武器。」

於是，上帝把綿羊變成兔子，擁有了強健四肢的兔子十分高興，在野外蹦蹦跳跳，沒想到草叢裡突然跳出一隻狼。兔子嚇得全身發軟，一步也跑不動——結果，又成為狼的美餐。

兔子的靈魂又上了天堂，對上帝抱怨說：「狼有鋒利的牙齒和尖銳的爪子，我卻什麼武器也沒有，請你再給我一件有力的武器吧！」

上帝又答應兔子的要求，把牠變成一隻擁有長而鋒利的犄角的羚羊。羚羊又回到了草原上，一邊吃草一邊高興地想：「這下好了吧，我跑得比狼快，而且還有比狼的牙和爪子更厲害的武器，再也不用害怕狼了。」

不幸的是，這隻羚羊一碰到了狼，馬上嚇得癱軟在地，連叫的聲音都發不出來。狼毫不客氣，撲上來就把羚羊殺死吃掉了。

羚羊的靈魂又到了天堂，還沒開口，上帝就歎息說：「你不用再說什麼了，就算我把你的全身都變成武器，那也只是一個空殼，裡面沒有一個勇氣的靈魂，你就永遠不是狼的對手。」

很多人都有成就事業的能力，但是為什麼最後取得成功的卻總是只有一小部分人，缺乏勇氣是其中重要的一個元素。沒有了勇氣，哪怕你有再多的知識，再強大的體魄，也無濟於事。

麥克・英泰爾是一個平凡的上班族，三十七歲那年他做了一個大膽的決定：放棄薪水優厚的記者工作，只帶了乾淨的衣服，由陽光明媚的加州靠搭便車橫越美國。

他的目的地是美國東海岸北卡羅萊納州的恐怖角——這只是他精神快崩潰時做的一個倉促決定。某個午後他突然哭了，因為他問了自己一個問題：如果有人通知我今天死期到了，我會後悔嗎？答案竟是那麼的肯定。雖然他有好工作，有漂亮的女友，但是他發現自己這輩子從來沒有下過什麼賭注，平順的人生從沒有高峰或谷底。

他為自己懦弱的上半生而痛哭。一念之間，他選擇了北卡羅萊納州的恐怖角作為最終目的地，藉以象徵他征服生命中所有恐懼的決心。

最後，麥克・英泰爾成為美國媒體中傳頌的知名人物。

克服恐懼看起來非常困難，但改變卻在一念之間。其實，生活中有很多恐懼和擔心完全是我們想像出來的，想要驅除它，必須在潛意識裡徹底根除。

沒有人能夠完全擺脫怯懦和畏懼，最幸運的人有時也不免有懦弱膽小、畏縮不前的心理狀態。但如果使它成為一種習慣，它就會成為情緒上的一種疾弊。它使人過於謹慎、小心翼翼、多慮、猶豫不決，在心中還沒有確定目標之時，已含有恐懼的意味，在稍有挫折時便退縮不前，因而影響自我設計目標的完成。

恐懼者害怕面對衝突，害怕別人不高興，害怕傷害別人，害怕丟面子。所以在擇業時，因為怯懦，他們經常退避三尺，不敢自薦。他們謹小慎微，害怕說錯話，害怕回答問題不好而影響自己在面試官心目中的形象。在公平的競爭機會面前，由於怯懦，他們經常不能充分發揮自己的才能，以至於敗下陣來，錯失良機，於是產生悲觀失望的情緒，導致自我評價和自信心的下降。

生活在現代社會，我們必須摒棄害怕、畏懼的心理，端正心態，以一顆健康有力的心嘗試生活，明天才會有更好的開始。

我是草原之狼，誰與爭鋒

在動物的生存世界中，為了生存領地，為了爭奪食物，狼會勇敢地發起進攻，即使這隻動物比牠強大得多，也毫不畏懼直至把對手咬死。對於狼而言，在這個世界上沒有一個地方能夠讓牠們感到畏懼和害怕，牠們不會將任何事物視作理所當然，而是勇往直前，盡力而為。

我們應該學習狼性中的不畏懼，只有這樣才能活得更加精彩，才能走向人生的成功。

佛洛姆是美國一位著名的心理學家。一天，幾個學生向他請教：心態對一個人會產生什麼樣的影響？

他微微一笑，什麼也不說，就把他們帶到一間黑暗的房子裡。在他的引導下，學生們很快就穿過了這間伸手不見五指的神秘房間。接著佛洛姆打開房間裡一盞燈，在這昏黃如燭的燈光下，學生們才看清楚房間的布置，不禁嚇出了一身冷汗。原來，這間房子的地面就是一個很深很大的水池，池子裡蠕動著各種毒蛇，包括一條大蟒蛇和三條眼鏡蛇，有好幾隻毒蛇正高高地昂著頭，朝他們「滋滋」地吐信。就在蛇池的上方，搭著一座很窄的木橋，他們剛才就是從這座木橋上走過來的。

佛洛姆看著他們，問：「現在，你們還願意再次走過這座橋嗎？」大家你看看我，我看看你，都不作聲。

過了片刻，終於有三位學生猶猶豫豫地站了出來。其中一個學生一上橋，就異常小心地挪動著雙腳，速度比第一次慢了好多倍；另一個學生戰戰兢兢地踩在小木橋上，身子不由自主地顫抖著，才走到一半，就挺不住了；第三個學生乾脆彎下身來，慢慢地趴在小橋上爬了過去。

「啪」，佛洛姆又打開了房內另外幾盞燈，強烈的燈光一下子把整個房間照耀得如同白晝。學生們揉揉眼睛再仔細看，才發現在小木橋的下方裝著一道安全網，只是因為網線的顏色暗淡，他們剛才沒有看出來。佛洛姆大聲地問：「你們當中還有誰願意現在就通過這座小橋？」

學生們沒有作聲，「你們為什麼不願意？」佛洛姆問道。「這張安全網的品質可靠嗎？」學生心有餘悸地反問。

佛洛姆笑了：「我可以解答你們的疑問了，這座橋本來不難走，可是橋下的毒蛇對你們造成心理威懾，於是你們就失去平靜的心態，亂了方寸，慌了手腳，表現出各種程度的膽怯——

心態對行為當然是有影響的。」

其實，人生又何嘗不是如此？在面對各種挑戰時，也許失敗的原因不是因為勢單力薄，不是因為智慧低下，也不是沒有把整個局勢分析透徹，反而是把困難看得太清楚、分析得太透徹、考慮得太詳盡，才會被困難嚇倒，舉步維艱。反而是那些沒有把困難完全看清楚的人，更能夠勇往直前。

在勇氣面前，任何困難和挑戰都是它的手下敗將。勇敢地面對挑戰，像戰士一樣勇敢地面對工作中的一切艱難險阻，才是每個年輕人應該具有的本色。

勇氣，是通往成功的第一座橋樑。

美國第一大汽車製造商——亨利・福特在取得成功之後，立刻成為眾人羨慕的人物。有些人覺得他是由於運氣，或者是得益於有影響的朋友的幫助，或者說他本身就是一個管理天才，或者他具有常人認為的形形色色的「秘訣」——所以福特成功了。

事實上，只要瞭解福特的行事風格，就可完全知悉他成功的「秘訣」。

多年前，亨利・福特決定改進著名的T型車引擎的汽缸。他要製造一個具有鑄成一體的八個汽缸的引擎，便指示工程人員去設計。可是，當時所有工程技術人員無不認為，要製造這樣的引擎是不可能的。雖然面對老闆，他們還是一口回絕了這樣的「無理要求」。

聽完技術人員的介紹後，福特沒有氣餒，他用無可反駁的語氣說：「無論如何，要生產這種引擎。」

「但是，」他們回答，「這是不可能的。」

「我是絕不相信任何不可能的。去工作吧！」福特命令道，「堅持做這件工作，無論要用多少時間，直到你們完成這件工作為止。」

被他的氣勢感染，負責技術的員工只好去工作。如果他們要繼續做福特汽車公司的員工，他們就不能去做別的什麼事。六個月過去了，工作沒有任何進展。又過了六個月，他們仍然沒有成功。這些工程人員越是努力，這件工作就似乎越是「不可能」。

在這一年的年底，福特諮詢這些工程人員時，他們再一次向他報告他們無法實現他的命令。「繼續工作。」福特義無反顧地說，「我需要它，我決心得到它。哪怕牠是一隻老虎，我也有勇氣擒住牠！」

最後的情形是怎樣的？當然，製造這種引擎不是完全不可能。後來，這種引擎裝到最好的汽車，使福特和他的公司把他們最有力的競爭者遠遠地拋到了後面。

福特的勇氣給了技術人員必然成功的心態。他的勇氣也讓參與研製開發的人員沒有任何退路可走。「置之死地而後生」，他們只能孤注一擲，只能成功。

敢於應對挑戰的人就是在這樣的情形下，把一個個奇蹟變成現實，把一個個不可能變為可能。

一個人做事就是要具有福特那樣的氣魄，懷有非凡的勇氣、絕不甘休的氣勢，在人生戰場上劈波斬浪。勇往直前者，才會無往而不勝。

做一個真正的強者

誰是強者？也許會有很多人毫不含糊地回答：能戰勝別人的人就是強者——那些在戰場上廝殺，浴血奮戰，威震敵膽，能踏著血泊穿過硝煙走向勝利的人；那些在運動場上爭雄，在力量、速度和技巧的較量中遙遙領先，能贏得金牌和獎盃的人；那些在考場上奮鬥，沉著應戰，才情噴湧，能金榜題名的人；那些在平凡的崗位上踏實地、勤奮地、創造性地工作，被同行和同輩喻為「佼佼者」的人……這樣的人，可謂強者。

這些人是因為在「競爭者」中贏得了勝利而被冠上強者的稱呼嗎？當然不是，表面上是戰勝了某些人，然而實質上，取得的勝利是強者自己戰勝自己的一場勝利。人的一生最難戰勝的不是別人，而是自己。一個人要戰勝另一個人不難，往往只需要付出雙倍的努力，但要正視和克服自身的弱點，卻要有十倍的勇氣和百倍的堅強。

想想古今中外偉大的人物和那些在某個領域有建樹的人們，哪一個不是身經百戰，一次次克服困難，一次次戰勝自己，最終贏得屬於自己的人生？如果愛迪生因為一次次失敗而灰心了，他還能成為舉世聞名的發明大王嗎？如果愛因斯坦因為別人的嘲笑而放棄了自己的信念，他還能寫出相對論，成為諾貝爾物理學獎的獲得者嗎？如果李時珍因為各種困難而放棄自己的事業，他還能寫出名著《本草綱目》嗎？

不要忘了，這個世界上那個真正能夠打敗你的人，就是你自己！

一天早上，一位將軍受命在天黑之前拿下一個高地。於是，他率領部隊向高地發起進攻，無數次的衝鋒，都被敵人一次又一次地擊退。最後一次衝鋒，他所有的戰友全都犧牲了，他自己也在戰壕前幾公尺處，被一枚地雷炸斷了一條腿……對方的軍旗，仍然在山頂上飄揚，於是他絕望地朝自己開了槍。

過了半小時，增援部隊來了。當他們衝上山頂時，發現對方的官兵已全部戰死，只剩下一個奄奄一息的伙夫，正絕望地抱著自己的軍旗，等著將軍爬上來，將他像螞蟻一樣踩死，但將軍殺死的是自己！

將軍奮戰到了最後一刻，勝利本來就在眼前，卻死在了自己的槍口下，讓人扼腕歎息之餘不免警醒：不要輕易地對生活絕望，只要你不放棄希望，不放棄努力，就有獲得重生的機會。

怯懦、自卑、恐懼，這些正是人的本性，這些本性註定我們的內心有許多的不堅強；自己往往是最可怕的對手，是最看不透的迷霧。為了成功，我們必須戰勝自己，自己是通往成功的最關鍵的一道屏障。

美國一位叫凱絲・戴萊的女士，她有一副好嗓子，一心想當歌星，遺憾的是嘴巴太大，還長了兩顆暴牙。她初次上台演唱時，努力用上嘴唇掩蓋暴牙，自以為那是很有魅力的表情，殊不知卻給別人留下滑稽可笑的感覺。有一位男士很直率地告訴她：「暴齒不必掩藏，你應該盡情地張開嘴巴，觀眾看到你真實大方的表情，相信一定會喜歡你的。也許你所介意的暴牙，會為你帶來好運！」

一個歌唱演員在大庭廣眾之下暴露自己的缺陷，需要用理智說服自己，更需要有無比的勇氣來打敗自己。

凱絲・戴萊接受這位男士的忠告，不再為暴齒而煩惱，她盡情地張開嘴巴，將自己的潛能特長發揮到極致，終於成為美國影視界的大明星。

一個人有理由隨便放棄追求嗎？沒有！天生的不足、別人的嘲笑，以及各種的其他理由，都不是阻礙你成功的荊棘，只有你自己為了安穩享樂，為了蠅頭小利，為了達到暫時的滿足，而放棄了堅持、奮爭，才會讓你永遠地無法超越。

那些為了戰勝疾病和傷殘，忍受著精神和肉體的巨大痛苦，無畏地向死神宣戰，堅韌地與命運抗爭，把厄運的千斤重壓舉起和推倒，令重量級的舉重猛將也肅然起敬。還有那些為佔有私欲而處處克己的人，為戰勝惰性而反覆自策的人，為戰勝暴躁而隨時制怒的人，為戰勝怯懦而不斷自勵的人……他們都是了不起的人！

所以說，當你遇到挫折或身處逆境，都應該頑強奮鬥，有戰勝困難的自信和勇氣，不要衝著別人逞強，假如你能在思想上、作風上、性格上、氣質上、心理上、身體上戰勝自己的弱點，你就是一個真正的強者，一個誰都打不敗的強者。

無所畏懼，立即行動

狼在面對強大的對手的時候，從來不會想起「害怕」兩字，牠們會立即奔過去。在牠們的意識裡，沒有「害怕」。因此，我們也要像狼一樣，別害怕，立即行動。

美國的克萊門特・史東在童年時代是一個窮人的孩子，他與母親兩人相依為命。小史東十多歲時，為保險公司推銷保險是母子倆的職業。史東始終清醒地記得他第一次推銷保險時的情形——他的母親指導他去一棟大樓，從頭到尾向他交代了一遍。

他站在那棟大樓外的人行道上，一面發抖，一面默默念著自己信奉的座右銘：「如果你做了，沒有損失，還可能有大收穫，那就下手去做。」「馬上就做！」

於是，他做了。

他走進大樓，他很害怕會被踢出來。

但是他沒有被踢出來，每一間辦公室，他都去了。他腦海裡一直想著那句話：「馬上就做！」走出一間辦公室，更擔心到下一間會碰到釘子。不過，他還是毫不猶豫地強迫自己走進下一間辦公室。

這次推銷成功，他找到一個秘訣，那就是，立刻衝進下一間辦公室，這樣才沒有時間感到害怕而猶豫。

那天，只有兩個人向他買保險。以推銷數量來說，他是失敗的，但在瞭解自己和推銷術方面，他的收穫是不小的。

第二天，他賣出了四份保險。第三天，六份。他的事業開始了。

怯懦，是弱者的勁敵，少一分怯懦，就會多一分前程。消除怯懦的唯一方法就是行動、行動、再行動。

只要我們敢於行動，我們都可以像以下故事中的新兵一樣戰勝怯懦。

直升機在高空中盤旋，一群士兵背著跳傘的裝備，站在機艙門口，準備進行他們的第一次跳傘。

從高空中向下看，所有的景物似乎都小得不能再小，樹木像一根針一樣細小，海中的小島也只有石頭般大而已。

從空中跳下去，命運全部只維繫在降落傘上的一根繩索上，稍有不慎，人就會像一顆從高處落下的西瓜一樣，腦袋開花。這群新兵想到這一點，不由得閉上眼睛，不敢再往下看。

氣氛有點沉重，每個人連一句話都不敢多講，不久，班長用手向站在最前面的新兵示意跳傘的動作，但是他遲遲沒有反應。看著這位新兵臉上緊張的神情，班長貼著他的耳朵，大聲喊著：「你怕嗎？」

這位新兵遲疑片刻，看著這雙緊盯著他的眼睛，想到這也許是自己這一生看到的最後一個畫面，於是他老實地點了點頭，小聲地說：「我很害怕。」

「偷偷告訴你，我也很害怕。」班長接著說：「但是，我們一定能完成這個跳傘任務，不是嗎？」

聽了這句話，新兵的心情豁然開朗，原來連班長也會感到害怕，每個人都會害怕，自己又何必為此而羞愧？

新兵深吸一口氣，從高空一躍而下，順利地完成首次跳傘的任務。他和隊友乘著風，緩緩地降落在地面上，成為一名不折不扣的傘兵。

許多年以後，菜鳥變成老鳥，每當率領著新兵跳傘，老鳥也不忘在機艙口問一句：「你怕嗎？」

然後，他們會用堅定的語氣告訴新兵：「我也怕，但是我們一定做得到。」

害怕是人的正常情緒，壓抑自己的害怕只會令你更加手足無措；你可以怕，但是不能輸給眼前的敵人。

狼正是憑藉無所畏懼的勇氣才在這個世界上生活了數百萬年。人類也是一樣，在這個世界上，即使我們什麼都沒有了，至少我們還有勇氣，這是我們最大的財富，有了勇氣就可以戰勝一切艱難險阻，實現自己的夢想。

一第二章一

狼的競爭法則：進攻！進攻！進攻！

有競爭才會有生機

愛爾蘭作家阿奎利斯・艾克斯在他的著作《豺狼的微笑》中寫道，狼，是陸地上生物中最高的食物鏈終結者之一。由於有狼的存在，其他野生動物才得以淘汰老、弱、病、殘的不良族群；也因為有狼的威脅存在，其他野生動物才被迫進化得更加優秀，以免被狼淘汰。所以，是狼使生態處於一種平衡狀態。沒有狼的存在，生態上將出現良莠不齊、傳染病叢生的局面，不利於生命穩定、健康、平衡地發展。

因此，我們可以說，是狼群與動物間的競爭才使得大自然這麼有生機。生物與環境、生物與生物之間存在著必然的競爭，但是也正因為競爭的存在，牠們才能更好地生存和發展。

動物因為競爭而日益強大，作為自然界的物種之一，人類也必然遵循此定律，有競爭人們才不會故步自封，才能不斷進取、不斷成功。

試想，人類如果只是生活在沒有競爭的環境中，就會止步不前，失去鬥志，失去奮鬥的動力，更體會不到成功的快樂。在社會、在商海、在職場、在人生的各個領域，正因為不斷地競爭，我們才越來越強大，做得也越來越好。

索尼公司創始人盛田昭夫說：「儘管競爭有一些比較黑暗的東西，但在我看來，它是成功的推動力。」競爭是人類社會向前發展和個人成長的推動力量。只有競爭才能更好地發揮企業和個人的積極性。

有了競爭，我們才能肩負壓力；有了競爭，我們才有爭取優異成績和獲勝的明確奮鬥目標；有了競爭，我們才有決心去克服困難，爭取勝利……正因為如此，參與競爭的我們才能精神飽滿，鬥志昂揚，社會才會向好的方向加速發展。有競爭才會有生機，一個人、一個企業、一個國家，如果失去競爭力，也就失去生存的最基本活力。

主動帶來更多的生機

在處理世事上，與其逃避，不如面對，有些事情你終究需要面對的；與其消極，不如積極，積極能夠帶來更多的意外；與其被動，不如主動，主動能夠給你的生活帶來更多的生機。

有一位極具智慧的心理學家，在他的小女兒第一天上學之前，教給寶貝女兒一項訣竅，足以令她在學校的學習生活中無往不勝。

這位心理學家開車送女兒到小學門口，在女兒臨下車之前，告訴她在學校裡要多舉手——尤其在想上廁所時，更是特別重要。

小女孩真的遵照父親的叮嚀，不只在內急時記得舉手；老師發問時，她也總是第一位舉手的學生。不論老師所說的、所問的她是否瞭解，或是否能夠回答，她總是舉手。

隨著日子一天天過去，老師對這個不斷舉手的小女孩，自然而然印象極為深刻。不論她舉手發問，或是舉手回答問題，老師總是不自覺地優先讓她開口。因為累積了許多這種不為人所注意的優先，竟然令這位小女孩在學習的進度上、自我肯定的表現上，甚至許多其他方面的成長，大大超越其他的同學。

多舉手，正是那位心理學家教給他女兒在學習生涯中的利器。故事中那位深具智慧的父親所教給女兒的舉手觀念，正是成功者積極主動的態度。

主動就是一種進攻。進攻，必須強調主動。一切自卑、畏縮不前和猶豫不決的行為，都只能導致人格的萎縮和做人處世的失敗。

主動進攻謀略，不僅使偉大的歷史人物能力挽狂瀾，回天有力；也是平常人日常生活、工作、交往必須瞭解的立身之謀。它使個人的價值得到確認，使他人、尤其是不懷好心的人不敢小視於我。

我們經常礙於面子，或是恐懼遭到拒絕，或是害怕遭受批評，或是因為自己的熱情總是遭對方冷漠的回應，而使自己積極主動的力量逐日減弱。但是只要我們增強一分積極的力量，便足以削弱一分消極的困擾。

所以，讓我們去除無謂的懷疑，讓自己更單純一些、更熱誠一點；充分掌握主動積極的力量，凡事多舉手，成功就在眼前。

只看著獵物永遠不會填飽肚子，天上絕對不會掉下餡餅，想要獲得獵物，唯一的方法就是進攻！進攻！進攻！等待是永遠什麼也不會獲得的，只有行動才創造機會，讓夢想變為現實。

一第三章一

對敵人仁慈，就是對自己殘忍

對待敵人，需要狠一點

大狼衝進黃羊群中，轉眼就撲倒了幾隻黃羊，牠們張開大口，惡狠狠地咬去，黃羊的咽喉被咬斷了，血噴了出來。對倒地的黃羊，狼理也不理，繼續撲向下一個目標，進行著更野蠻、更血腥的屠殺。

狼群和獵物是你死我活的關係。狼群只有把獵物捕獲，才能吃飽肚子，使自己存活下去，因此狼群在戰鬥中總是十分凶殘、十分狠毒，務必把獵物置於死地。在商業競爭中也應該如此，不殺掉對手，死掉的就將是自己。在商場上，如果你的實力不如別人，就會成為別人眼裡的一塊肥肉。狠毒地消滅對方，為自己贏得生存和發展的機會，只有這樣，才能在市場競爭中站穩腳步。

普法戰爭爆發以後，石油行業陷入前所未有的災難中。當時的車、船仍然主要以煤炭為燃料，戰爭使油價一跌再跌，石油生產協會的各家公司迫於無奈，集體採取停產保價的措施。但由於有些會員唯利是圖，偷偷開採，致使油價無法得到有效的控制，仍然在不斷地下滑之中，許多石油公司因此破產。

石油大王洛克菲勒看準機會，果斷出擊，把那些能擠垮的公司都徹底擠垮，然後再一口吞下，使自己的勢力得到極大地擴張，向石油行業的霸主地位大大邁進了一步。

商場如戰場，企業家想要把企業發展壯大，必須有霸氣，必須心狠手辣點兒，不能心慈手軟，否則敵人就將置你於死地。

對於商人來說，市場競爭如同草原上的生存競爭一樣，是你死我活的，對手搶先佔據了市場，就意味著我方失去一大片市場。因此，對對手必須要狠一些。

沃爾瑪是一家全世界最富有的公司，年營業額超過了若干國家ＧＤＰ的總和，它擠垮了無數的零售商，並且讓更多的供應商拜倒在自己腳下。運用凶狠的手段打壓對手，就是沃爾瑪制勝的手段之一。

一九九〇年代中期，坐擁二十億美元的規模，曾經被《財富》雜誌評為「最受讚賞公司」的家居用品商「樂柏美」，因為其容器生產原料價格上升了八〇％而向沃爾瑪提價，結果沃爾瑪二話不說徑直把樂柏美趕出店門。一九九九年苦苦掙扎的樂柏美被Newell公司收購。

最近幾年，沃爾瑪明知道Kmart公司已經瀕臨破產，依舊大量仿製它的某一條產品線，讓這家搖搖欲墜的零售公司的處境更加艱難。因為沃爾瑪知道，婦人之仁，無異於把刀架在自己的脖子上，隨時會有生命危險。

事實上，像沃爾瑪這樣，採取如此強硬手段的公司還有戴爾、豐田等國際知名企業。在市場經濟的戰場上，競爭對手無處不在。所以你想要生存發展下來，就必須打敗對手，下手要狠一點。

市場猶如戰場。在戰場上面對敵人，不能有任何心慈手軟，打敗競爭對手才是自己生存的前提。對待競爭對手，要狠一點，不能心慈手軟。

商戰要狠，不是你死就是我活

千百年來，狼能夠在草原上「稱霸」，就是依靠自己本性中的殘酷和狠心。在弱肉強食的大自然中，你不強硬、不殘酷，就有可能成為別人的「盤中餐」。

商場如戰場，弱肉強食、強者為王是不變的法則。商業經營的一個前提是利益第一，沒有利益，商業經營也就失去意義，難以繼續進行下去，最終必然會走向失敗。要獲取利益，就必須從市場這塊大蛋糕中搶奪更大的比例。能否爭得更大的比例，要看你有沒有這樣的能力。能力不如別人強，就會在激烈的戰鬥中處於劣勢，只能從大蛋糕中搶得較小的一塊，甚至空手而歸。因此，想要在商戰中贏得勝利，就必須提高自己的競爭力，削弱競爭對手的力量，蠶食競爭對手的地盤，從市場上搶佔更多的比例，為自己建立強大的勢力範圍。

商場爭霸，是一場沒有硝煙、沒有刀光劍影、沒有槍林彈雨的戰爭，勝者為王，敗者為寇。在商戰中，有時需要當狠則狠的勇氣，而不能存婦人之心，對對手講仁義，行退讓。如果你容忍對手的侵犯和進攻，對手一旦得逞，很容易得寸進尺，不斷地向你進攻，最終置你於死地。因此，你必須採取強硬措施，眼明手快，先人一步，才能化險為夷，克敵制勝。

曾經有一段時間，在伍達德的努力下，隨著世界航空業的逐步復甦，波音迎來了新的發展高峰。然而，天有不測風雲，在波音最燦爛的時候，歐洲四大工業化國家英國、法國、德國及西班牙共同組建了空中巴士公司，該公司生產的A三〇〇系列空中巴士佔領相當大的世界市場比例，對波音公司的霸主地位構成巨大挑戰。

一九九七年，波音公司與航空業的另一巨頭麥道公司衝破美國國內《反壟斷法》和歐盟的阻撓，實現了航空業的「世紀合併」。理論上，新公司在全球飛機市場上所佔比例達到了七七%，這個空前的壟斷優勢使所有的人都認為，這艘新的航空巨艦將成為這個行業的「巨無霸」，穩坐頭把交椅，甚至可能擠垮唯一的競爭對手——空中巴士集團。然而，出乎人們的意料，一年後的波音公司手中的訂單首次被其最大的競爭對手——歐洲空中巴士集團超過。

根據一九九八年八月公布的年報，一九九七年財政年度波音出現五十年來的第一次赤字，虧損額高達一．七八億美元，一九九八年第一季度，利潤額再次下降了九〇%。這種糟糕的狀況在股市上的反映一覽無餘，波音公司的股票在一年中下跌了二六%。無數專家指出，「航空業現在是傳統工業中的最後一個成長行業」，在一片大好形勢下，波音卻像號稱「永不沉沒的鐵達尼號」，在首航中即遭遇冰山。

伍達德作為波音商用飛機集團的總裁，自然難辭其咎。但是客觀分析原因，生產能力的不足、行業管理者出乎意料的要求等問題，並非一人之力就可扭轉。

雖然很多行家包括伍達德都預測到世界飛機市場將繁榮起來，但誰也沒料到高潮會到來得如此之快。波音的訂單曾經一度令人興奮地由一九九四年的一百二十四架躍升到一九九六年創紀錄的七百五十四架，但是供不應求的欣喜很快變成苦惱。

在一九九〇年代初，美國經濟和世界航空業蕭條時期，波音削減了大量的員工和部分承包商，以減少中間環節，降低成本，提高競爭力。可是現在情況一下子變了，波音始料不及，熟練的員工被解雇了，再也招不回來。承包商也難以適應，缺乏零部件的飛機只能躺在生產線上乾著急。新徵召的員工不僅工作速度慢，還極易出錯。波音推出的「波音NG七七七S」很被市場看好，但生產品質有問題，一九九八年七月初，由於歐洲公司兩架此型號的客機在飛行中發生引擎突然熄火的故障，美國聯邦航空局命令美國航空公司更換這種飛機的動力系統；有些交付使用的飛機洗手間裡忘了安裝電燈，這給產量好不容易剛在六月達到了歷史最高紀錄的波音當頭潑了一盆涼水。

面對波音出現的各種情況，許多忠實的老客戶紛紛另找在交貨上更有保證的空中巴士集團訂貨。英國航空公司剛與空中巴士簽訂一筆三十八億美元的訂單，七月初，已經答應購買四百架飛機的美國航空公司又退購三十架。失去客戶不說，波音僅賠償延期的損失費就高達四・三七億美元。

成本也是波音的「瓶頸」。不景氣的時候，波音為了與空中巴士和當時的麥道爭奪客戶，不惜以低價格、高折扣打「價格戰」。在一九九五年爭奪北歐航空公司五十五架飛機的角逐中，波音雖然贏了，但是也付出了高額代價。不僅付給對方高達三八%的折扣，而且形成一條不成文的規矩，只要是大宗訂貨，售價可低於標準價至少五%。這種競爭對波音來說就像明擺著前面是冰山，也只能眼睜睜地撞上去。

伍達德當然也瞭解目前的形勢，他已經從降低成本入手，計畫把製造成本降低二五%。在對「波音七七七」寬體客機的設計過程中，波音全部採用了電腦，去掉了所有不必要的構圖和大模型，並去掉了那些過多的配置選擇。為了增加產量，消除內部生產管理結構的混亂，在一九九七年十月，波音甚至暫停了「波音七四七」和「波音七三七」的生產線近一個月。這進一步加劇了延期交貨的情況，可是不這麼做又有什麼更好的方法？

伍達德作為波音這艘巨輪的船長，對於眼前的慘澹局面，導航和駕駛的錯誤是很明顯的。

伍達德是一個井然有序的人，他的辦公桌一塵不染，喜歡的是巴哈和莫札特合乎邏輯的音樂，他的談吐中充滿「接近理論上的完美」的工程科學語言。他確實相信世界是理性的，只要有足夠多的工具、策劃、計算和問題處理，就能克服困難。他看不起他的歐洲對手，認為空中巴士不過靠打折和拉關係取得成功，這使他錯誤地估計了形勢的發展和對手的能力。

在與對手進行「價格戰」的同時，他力主開發新產品，並盡可能地把這一切做得更完美，成為「以技術和服務佔領市場的另一個成功典範」。但是世界航空業市場的迅速變化，使他宣導的波音生產方式很不適應。波音賴以自豪的是世界最大的「波音七四七」客機，波音稱之為「六千萬個零件在飛機中融為一體的完美結合」。波音為客戶們提供的是三十八種花樣的儀表盤和一百零九種白色機身等諸如此類的設計，這樣過分慷慨的設計耗費了波音大量的生產時間，費時費力，加大了成本，並且不討買家喜歡。時間的喪失，就意味著機會和金錢的喪失。但伍達德強烈的自尊和過分的自信使他堅信，只要工人足夠、合理安排，應付眼前產量的問題不在話下。他雖然也採取措施增加產量，但主要著眼點還是在重新設計基本生產流程上，他試圖以這種方法從根本上降低成本，加快製造速度，進而一勞永逸、贏得未來。這種想法不可謂不對，但是他還有足夠的時間嗎？直到一九九八年年初，他才充分意識到問題的嚴重性，轉而全力投入增產，可是為時已晚。伍達德終於在他「治本」療法還沒奏效之前，就倒下了。

九月四日，波音集團董事會決定，撤銷伍達德的波音商用飛機集團公司總裁的職務，伍達德黯然「離職」。

商業競爭，弱肉強食，強者生存。在殘酷而慘烈的競爭中，想要免被對手打敗吞併，就要去除婦人之仁，採取更殘酷的手段，對於對手該消滅的一定要消滅，尤其是在遇到強敵的時候，要堅決反擊，否則後患無窮。

商場競爭就是一場非勝即負的利益爭奪戰，狹路相逢勇者勝，誰的力量大，誰就能戰勝對手，成為勝利者；誰能技高一籌，誰就能佔據先機。在強手如林的商場中，如果你心慈手軟，對弱者同情，疏於防範，就會貽誤大好戰機，致使對方羽翼豐滿，成為你前進道路上的最大威脅。對對手的姑息和退讓，就是對自己的殘忍和戕害。先下手為強，後下手遭殃，在慘烈的商戰中，要逢錢必賺，逢利必爭，對於前進路上的攔路虎，就必須對競爭對手痛下殺手，加以消滅和吞併，這樣才能使自己在市場上處於強勢地位。

狼不是講仁慈的，在牠們的世界裡，只有一條準則：想要生存下去，必須捕到獵物，填飽自己的肚子。商場如戰場，只有對對手施行無情的競爭手段，才能站穩腳步，生存發展下去。對對手仁慈，就是對自己殘酷，沒有狠心，難成大事。

一第四章一

越敗越戰，狼的眼中沒有「失敗」

越挫越勇，挫折造就強者

在食肉動物中，狼沒有龐大的身軀和絕對的速度，連唯一的武器——鋒利的爪牙也是大部分食肉動物都具有的。狼沒有絕對的優勢，甚至面臨的環境更加惡劣，但是也正因為如此，狼群才得以優化，鍛造了適應性更強的生命力。毫無疑問，是挫折讓牠們變得越來越強大。

有一位醫學博士，經過兩百零一次實驗，發現小兒麻痺症疫苗，結束了這個病症對人類的肆意蹂躪。有一次，人們問他：「你取得如此卓越的成就，徹底結束了小兒麻痺症對人類的肆虐，取得這樣的成就後，你是怎麼看待先前的兩百次失敗？」

博士這樣回答：「我這一生中，從來沒有經歷過兩百次失敗。我的字典上沒有『失敗』這個詞。前兩百次嘗試增加了我的經驗，讓我學到很多東西，實際上是我做了兩百零一次發現。沒有前兩百次的學習，我不可能得到這樣的結果。」

在前進的路上，我們可能會做錯，可能離原來的目標更遠了，但是這一切都是寶貴的體驗和收穫，是那位醫學博士所謂的「兩百」次發現之一，如果我們願意進一步地嘗試和努力，原來的錯誤就是我們前進的階梯。但是，如果我們在挫折之後對自己的能力或「命運」發生懷疑，產生失敗情緒，想放棄努力，我們就已經失敗了。

還曾經有一個心理學的實驗，在這個實驗中，有一批狗在一個很簡單的任務上都失敗了，狗的「字典」上是怎麼出現「失敗」這個詞的？

實驗中，有一個很大的籠子，底是鐵做的。籠子中間有一個鐵柵欄，把籠子分為兩半。把狗放進籠子的一邊，在籠子底上通電，狗就受到電擊，感覺到尖銳急劇的刺痛。一些狗受到電擊後，會很快地跳到籠子的另外一邊去，進而躲避了電擊。在另一邊受到電擊時，這些狗又會很輕鬆地跳回來，到沒有通電的一邊去。這個任務是很簡單的，隨著通電的部位變化時，狗就在這個箱子中間跳來跳去，穿梭跳動以躲避電擊，因此這個箱子也被稱為「穿梭箱」。

但是，有另外一批同樣的狗，牠們在穿梭箱中受到電擊時，不做任何跳躍和掙扎的動作，只會渾身發抖，低聲哀鳴，一副失敗者的可憐樣。為什麼這些狗會表現出這種任人宰割的慘相？原來，心理學家在把這些狗裝進穿梭箱前，對牠們進行如下的操作：把這些狗拴在一個鐵柱子上，時不時地用電刺激牠們，狗受到電擊後會掙扎、跳躍、咆哮，但是無論牠們怎麼掙扎，都擺脫不了電擊的折磨，經過幾天數十次的電擊和無效的掙扎後，這些狗都放棄了努力，在受到電擊時，只是趴在地上，瑟瑟發抖，低聲哀鳴，再也不掙扎了。這時，再把這些狗放進穿梭箱中，對這種輕輕一躍就能擺脫的電擊刺痛，牠們也認了。失敗的狗掙脫不了柱子，就以為跳不過柵欄。

另一個類似的現象是動物界的大象，在經過人的馴化後，用一根麻繩拴在一個很細的撐竿上也不會掙脫，為什麼？原來在訓練的過程中，馴象員先是用鐵鍊把大象拴在牢固的鐵柱子上，野性未馴的大象最初會拼命掙扎，但是怎麼掙扎也沒有用。

這時，馴象員在一邊又對牠們進行溫柔地服侍和教化，最後大象放棄了掙扎，並且學會了為人服務的雜耍。

儘管大象在一些馬戲雜耍上取得令人叫絕的成功，但是牠們對被繩子拴在一個柱子上不能掙脫這個「事實」或「命運」認了，牠們在試圖擺脫束縛這一點上自認失敗了。人當然比狗和大象聰明，把人囚禁在一個地方的時候，不管原來有多少次失敗的經驗，他們總想逃脫，並且會不斷想出方法。但是在某些場合下，人是否也同樣會像上述的狗或大象一樣自認「失敗」的命運？

所謂失敗，其實就是自己的一種感覺，是在通往目標的過程中，由於自己的行動多次受阻而產生的絕望感，是自己在心中滋養起來的「紙老虎」。對於這種嚇人的張牙舞爪的紙老虎，你不打，它是不會倒的。

所以，將「失敗是成功之母」換個表達方式可能會更好一些，那就是錯誤和嘗試是成功之母，失敗僅僅是自己的一種感覺，一種絕望的感覺。

事實上，沒有什麼失敗，失敗僅僅存在於失敗的人的心中，只有屢敗屢戰的人才是真的英雄，才能真正體驗生活的味道，享受成功的喜悅！

用不怕失敗的信念征服一切

在弱肉強食的環境下，作為肉食者的狼，為了延續自己的生命，在各種惡劣的環境下，牠們從不輕言失敗。在狼的字典裡，沒有失敗。如果牠們這次捕獵不成，牠們就會想著第二次，第三次……直到獵物成功。

我們也一樣，每個人的發展道路都不會一帆風順。面對失敗，是繼續前行還是就此放棄，是失敗者和成功者的分水嶺。我們應該用不怕失敗的信念征服一切，做一個內心無比強大的人！

先來看一個人的經歷：

一八一六年　他的家人被趕出居住的地方，他必須工作以撫養他們。

一八一八年　他母親去世。

一八三一年　經商失敗。

一八三二年　競選州議員——落選了！
一八三三年　工作也丟了——想就讀法學院，但進不去。
一八三三年　向朋友借一些錢經商，但年底就破產了，接下來他還了十七年，把債還清。
一八三四年　再次競選州議員——贏了！
一八三五年　訂婚後就快結婚了，但她卻死了，因此他的心也碎了！
一八三六年　完全精神崩潰，臥病在床六個月。
一八三八年　爭取成為州議員的發言人——沒有成功。
一八四〇年　爭取成為選舉人——失敗了！
一八四三年　參加國會大選——落選了！
一八四六年　再次參加國會大選——這次當選了！前往華盛頓特區，表現可圈可點。
一八四八年　尋求國會議員連任——失敗了！
一八四九年　想在自己的州內擔任土地局長的工作——被拒絕了！
一八五四年　競選美國參議員——落選了！
一八五六年　在黨的全國代表大會上爭取副總統的提名——得票不到一百張。
一八五八年　再度競選美國參議員——又再度落敗。

一八六〇年　當選美國總統。

這位屢戰屢敗，屢敗屢戰的人到底是誰？

對，就是堅持到底，不輸給失敗的最佳實例：亞伯拉罕・林肯。

生下來就一貧如洗的林肯，終其一生都在面對挫敗，八次選舉八次都落敗，兩次經商失敗，甚至還精神崩潰過一次。

「此路破敗不堪又容易滑倒。我一隻腳滑了跤，另一隻腳也因而站不穩，但我回過頭來告訴自己，這不過是滑一跤，不是爬不起來了。」

在競選參議員落敗後，亞伯拉罕・林肯如是說。好多次，他本可以放棄，但是他沒有如此，也正因為他沒有放棄，才又多了一位美國歷史上最偉大的總統之一。

林肯天下無敵，因為他從不放棄。

沒有什麼是一成不變的。有陽春，也有金秋，有酷暑，也有寒冬。走運和倒楣都不會持續很久。要永遠堅信一點：一切都會變的。無論身受多大創傷，心情多麼沉重，一貧如洗也好，沒人理解也好，都要堅持住。太陽落了還會升起，不幸的日子總有盡頭，過去是這樣，將來也是這樣。在許多人頻頻遭遇失敗的時候，那些有必勝信念的人成功了，他們應該成功。永不放棄的人總會成功的。

真正勝利的人，是能堅持到最後一秒鐘的人，因為不到最後關頭，不可能分出真正勝負。一次的失敗不代表永遠的失敗，如果你把一次的失敗當作最後的失敗，因而失去戰鬥的意志，那被打敗的是你自己。人最大的敵人往往是自己，只有堅持到最後的人，才有成功的機會。

每個人心中都存有繼續往前的使命感。努力奮鬥是每個人的責任，對這樣的責任懷有一份越敗越戰的信念，你就永遠不會被失敗打倒！

失敗是成功之母

狼群有一個規律，即子女成年之後，父母親會毫不留情地把牠們從自己的身邊趕走，無論離開父母的子女能否在惡劣的環境下生存。小狼正是憑藉不斷地嘗試，一次次捕獵的失敗，但牠們不灰心而是吸取經驗和教訓繼續努力，最後捕獵成功，進而生存下來的。

狼的生存道理也給我們一定的啟示，逆境中孕育著希望，失敗中隱藏著成功的因素，挫折是進步的轉機。對於推崇狼性的強者而言，挫折逆境是通向成功的墊腳石，而對於弱者，只會是絆腳石。

在職場中，我們要設計自己的「能力開發計畫」。漫無計畫、得過且過，是無法成功的。如果經常覺得「這裡的薪水比較高」、「這個地方比較輕鬆」，不要因為這些理由而換工作，這樣才能和長處往往會被埋沒，無法得到施展。

不論遇到多麼辛苦的事情或艱難的工作，請牢記：挫折正是使自己進步的轉機。

為了培養自己的實力，可以進入學習基礎的學校或參加課外補習班。而實際上，任何事情都是藉由實務才學習到的。因此，最佳的學校就是工作場所，對我們有幫助的老師（包括反面教師）就在公司裡。

工作中，錯誤和挫折是無法避免的，但有些錯誤是值得犯的。

其實，在實際工作中，老闆不僅會注意你取得的成績，而且會注意你犯的是什麼錯誤。人都會出錯，當然你也可以犯錯，但要盡量避免犯不必要的失誤。

全美最大的銀行——花旗銀行公司的董事長約翰·里德就是一個例子。

十幾年前，作為花旗銀行的副總裁，里德因為建立公司的信用卡分部，使公司損失一·七一七二億美元，結果大出其名。里德的錯誤當然會引起老闆的注意，但在他們眼裡，里德還是敢作敢為的人。里德毫不氣餒，極有能力地處理了危機，使這個分部最終做到轉虧為盈。

正因為這些，一九八四年里德才能成為花旗銀行的董事長。錯誤大一點，可能更能引起老闆的注意，但最重要的是要有認錯改錯的勇氣。

松下幸之助對下屬說：「有時候，人會犯出乎意料的錯誤。在工作中，突然間一聲：『哎呀，糟了。』就有人開始傷腦筋了。」可見，老闆不會要求下屬不犯錯，相反地，他會欣賞及時承認錯誤和改正錯誤的下屬。其實，能夠及時發現錯誤並改正，已是一種優秀的能力了。所以，當你發現出錯的時候，不要驚慌失措，不妨對老闆說：「我發現自己錯了」，「我馬上改正它。」

在合適的情況下，你還可以解釋原因，更重要的是今後不再犯同類的錯誤。老闆會覺得：孺子可教也！

一位名人曾經說過：成功永遠比失敗多一次。成功人士的奮鬥歷程總是充滿了成功、失敗的輪替。

有一次有人問一位總裁成功的秘訣是什麼？他回答：「加倍你失敗的次數。」一個人要成功必須採取大量的行動，不管做任何事情都一樣。只要你行動的次數越多，你失敗的次數也就越多，然而失敗的次數越多，就越可能有成功的機會。當你成功的機率不是百分之零，你就應該繼續行動，繼續接受失敗，每失敗一次，你成功的希望就多一分。

關鍵是，行動的次數一定要非常多，一定要不斷地接受失敗，而且加倍你失敗的次數。世界首富洛克菲勒說：「你要成功，就要忍受一次次的失敗。」你要把失敗當成邁向成功所交的學費。失敗不可怕，害怕失敗的心態才可怕，失敗是成功的敲門磚、墊腳石。

在狼的字典中沒有「失敗」二字，在狼的眼神中也永遠沒有失敗後的沮喪氣餒，有的只是戰勝困難的決心。因為牠們知道，失敗只是暫時的，最後的成功一定屬於意志堅定的強者。我們也要有狼這樣的精神，臨危不懼，越挫越勇。

一第五章一

極限耐性，在忍耐中等待機會

像狼一樣學會忍耐

狼是一種極具耐性的動物，牠們的沉著和耐性，對那些捕食者來說是致命的武器。狼在捕獵過程中，為了達到最後的目的，經常會花費數日去追蹤、觀察與監控牠們選定的獵物。即使饑腸轆轆，牠們也會耐心地等待最佳時機，不會以生命換取一時的飽足。這也就是我們常說的「小不忍則亂大謀」。

加盟NBA六年，羅斯一直默默無聞，他先是效力於金塊隊，後又轉入溜馬隊。在溜馬隊的前兩年，他的日子一點都不好過，他得不到教練布朗的賞識，經常被晾在板凳席上。「記得曾經有一個賽季，連續十四場沒讓我上陣，當時我身上根本沒傷。」說起那段痛苦的經歷，羅斯至今感到心寒，但是他認為這讓自己學會了很多，尤其是讓他學會了忍耐，使他更加明白什麼是值得更加珍惜的。

直到伯德到溜馬隊執教，才給羅斯帶來轉機。羅斯在密西根大學打球時，伯德曾經看過他打球，當時就覺得他很有打球的潛力，所以伯德到溜馬隊對羅斯說的第一句話就是：「我相信你有天賦，我會重用你。」伯德的話給了羅斯極大的信心，他勤學苦練，技巧很快地得到提高，並且被列入先發陣容，後來成為溜馬隊的中流砥柱。在一次總決賽的比賽中，羅斯更是表現不俗。在前五場總決賽中，他發揮正常，平均每場得分達到了二十二分。尤其是在第五場比賽中，羅斯更是獨領風騷，一人攬下了三十二分，成為溜馬隊的得分王。「羅斯一直是我最欣賞的隊員之一，」伯德賽後說：「他的成功歸功於他的踏實和努力。」

美國著名心理學家沃爾特・米歇爾曾經在一群小學生身上做過一個有趣的實驗：

他給每個孩子發一塊軟糖，然後告訴他們說他有事要離開一會兒。他希望孩子們都不要吃掉那塊軟糖，他允諾說：假如你們能將這些軟糖留到我辦完事情回來，我會再獎勵給你們兩塊軟糖。然後他出去了。

寂寞的孩子們守著那塊誘人的軟糖等啊等，終於有人熬不住了，吃掉了那塊軟糖。接著，又有人做了同樣的事……二十分鐘後，米歇爾回來了。他履行諾言，獎勵沒有吃掉糖的孩子每人兩塊糖。多年以後，他發現，那些不能等待的孩子大多一事無成，而日後創出一番業績的全都是當年那些願意等待的孩子。

無論你現在是一個默默無聞的員工，還是一個不甘於繼續當下環境的「三分鐘」工作者，如果你想真正改變自己，真正讓自己在工作上有優秀的表現，你就必須學會暫時的忍耐，忍耐環境對你的磨練和考驗。既然選擇了，就不要輕易放棄，否則你將永遠一事無成。

忍耐才能積蓄力量，扭轉乾坤

經過百萬年的磨練和成長，狼是自然界中的強者，成為動物中最為強悍的一員。這主要是因為狼是一種會忍耐的動物，懂得逆境中要蓄積力量，扭轉乾坤。我們也應該如此，好漢不吃眼前虧，忍耐才能積蓄力量，扭轉乾坤。

春秋時期，吳越兩國相鄰，戰事不斷。有次吳王領兵攻打越國，被越王勾踐的大將靈姑浮砍中右腳，最後傷重而亡。

吳王死後，其子夫差繼位。三年以後，夫差為報殺父之仇，帶兵前去攻打越國。西元前四九七年，兩國在夫椒交戰，結果這次吳國大獲全勝，越王勾踐被迫轉移到會稽。吳王趁機追擊，把勾踐圍困在會稽山上，越王勾踐感到形勢非常不妙。為了討好吳王，勾踐聽從了大夫文種的計策，準備金銀財寶和美女偷偷地送給吳國太宰，試圖透過太宰向吳王求情。

吳王最後答應越王勾踐的求和，於是越王勾踐表示投降，並和其妻一起前往吳國。為了表示忠誠和歉意，他們夫妻倆住在老吳王墓旁的石屋裡，做看守墳墓和養馬的事情。夫差每次出遊，勾踐總是拿著馬鞭，恭敬地跟在後面。後來吳王夫差有病，勾踐為了表示他對夫差的忠心，竟然親自去嘗夫差大便的味道，來判斷夫差病癒的日期。夫差病好的日期正好與勾踐預測的相合，夫差也認為勾踐對他敬愛忠誠，於是就把勾踐夫婦放回了越國。

越王勾踐幾年來的忍辱終於獲得回報，雖然處於劣勢，可是他沒有被打倒，相反他充滿了鬥志，立志要報仇，把昔日的王位和榮耀再次奪回來。為了不忘掉昔日的恥辱，越王勾踐睡覺就臥在柴薪之上，坐臥的地方還掛著苦膽，經常含於口中，思憶一下曾經經歷的苦難。經過十年的準備，越國終於東山再起，恢復了強國的面貌，打敗了吳國。

東漢王朝的開國皇帝劉秀也是一個十分能忍耐的人。當時，他只是起義軍中的一個將軍，他有一個哥哥也在起義軍中當將軍。然而，起義軍中的將領害怕他們兄弟力量太大，於是設計將他的哥哥給殺掉了。劉秀十分難過，但是他沒有和起義軍的頭領公開決裂。相反，他忍受了這種屈辱，同時還跟起義軍頭領講和，起義軍頭領因此而對他疏忽防範。劉秀發展壯大後，報了殺兄之仇。

明成祖還是燕王的時候，也是一個能忍耐的人。當時，建文帝意識到他可能謀反，於是要削奪他的實力。燕王這個時候還沒有準備好，於是裝作發瘋的樣子，麻痺建文帝派來監視的使者。建文帝看到這種情況，放寬了心。燕王準備充分後，就立即起兵造了反。

其實，古時候成大事的人，很少有不能忍耐的。也有些人覺得士可殺不可辱，而毅然選擇了自殺的道路，但是這種選擇確實讓人不敢恭維，因為留著自己的生命，日後不知道能做多大的事情。如果當年孫臏忍受不了龐涓的羞辱，他最後也不可能報大仇，當然也不可能有舉世聞名的《孫臏兵法》流傳於世；如果司馬遷忍受不了宮刑的羞辱，《史記》又從哪裡來？如果司馬懿忍受不了曹爽的行為，也就沒有後來的晉朝。還有韓信忍受的胯下之辱，范睢忍受的屈辱……真正成大事的人，不一定是曠世奇才，但一定有驚人的毅力，而這種毅力往往是在忍耐中表現出來的。

關羽和張飛都是不能忍耐的人，最後他們都沒有得到善終。而五代十國的馮道十分能忍耐，後來他被追封為王。

人要學會忍耐，因為很多東西是需要時間的。如果別人對自己有誤會，也可以透過時間來證明。時間是最好的試金石，生活中的很多無奈完全可以交付給時間來檢驗。為此，自己也沒有必要將這些包袱壓在心頭。

不耐煩的情緒，註定不成功的結局

狼捕食是極具有耐性的，往往會埋伏一兩天，然後才採取行動。只有這樣，才能保證成功地捕食獵物。因為狼知道，不耐煩的情緒註定不成功的結局。

做事難，做人更難。難就難在：無論多麼簡單的事，也會被人弄得複雜。

單純一件事，只要肯下功夫，要把它做好不難，但一扯上人為因素，簡單的事也會變複雜。而依人的智慧、經驗、價值觀念以及利益的不同，這件事的複雜度也會有所不同，就好比一條繩子打上了千百個結，世上的事多半是如此。

事實上，要做好一件事，解決一個問題，最需要的是智慧和經驗。有智慧、有經驗的人固然能做好事，也可以解決問題，但若無「耐煩」的本事，則無法做好磨人磨得發狂的事，也無法解決複雜多變、不知從何下手的問題。所以，不能「耐煩」，徒有智慧和經驗還不能成就大事。

「耐煩」是和客觀環境比耐力，也在和競爭對手比耐力，你能「耐煩」，就不會輸。若因不耐煩而半途放棄，就先輸了，很多在人生競賽中落後的人都是因為不耐煩，而不是因為智慧不如人！

「要能耐得住煩」就是要站得高，看得遠，不為眼前的得失而影響目標。「耐煩」就是不要急功近利，不因小失大。能耐一次煩，便能耐二次煩，這種本事一變成習慣，將是成就事業的基礎。這種「耐煩」的本事，年輕人尤其要能學到，不要說你年輕氣盛而「做不到」，那是托詞，這裡能告訴你的只是：越早學到，越早獲益！

最佳的出擊機會是等來的，狼深深地明白這一點。牠們在捕食馴鹿的時候，寧可抓了放，放了抓，直至時機成熟，才主動擒獲。機會不會從天降臨，成功不會突然來到，只有付出極大的耐心，才能孕育和等來機會，才能取得最後的勝利。

一第六章一

沉著冷靜，強敵壓頂不彎腰

控制情緒，努力克制自己

狼無論在什麼情況下，都是很淡定、從容的。你從牠的眼神中看不到任何焦躁、恐懼和不安。牠始終能夠控制自己的情緒，隨時保持沉著冷靜。這對我們的啟發就是控制情緒，努力克制自己。

當一個人衝動時，其全部的注意力都集中在導致他衝動的這件事情上，對於其他的諸如後果之類的問題根本就沒有時間和空間去考慮。因此有人說，「衝動是魔鬼」。無數個令人扼腕歎息的悲劇一再向眾人詮釋了這句話。包括我們，在自己的經歷中也多少有些體會。

心理學家認為，人在受到傷害時，憤怒是正常的反應。第一個念頭就是想攻擊傷害自己的人，但在行動前最好先問問自己：這樣做能否達到目的？對解決事情有無幫助？

在現實生活中，人總是很容易產生衝動的。在一種氛圍中，在一種情景下，衝動的情緒會急速衝破理性的防線，使人的情緒、思維和行為出現非常規的反應。

專家證實，人在衝動的時候，大腦就容易短路。人在大腦短路的控制下，要對棘手問題做出及時、正確的反應幾乎是不可能的。

劉邦與項羽決戰在即，要韓信出兵相助之時，韓信提出要劉邦封他為「假齊王」，劉邦勃然大怒，大罵韓信不該在這個時候要求封為假齊王。

然而，經張良提醒，劉邦馬上恢復冷靜，轉而向韓信罵道：「大丈夫要當王須當個真王，怎麼可以要求封為假齊王？」隨後，立即封韓信為齊王，進而使韓信能出奇兵，最終打敗了強敵項羽，奪得了天下。

如果當時劉邦不能理性地分析局勢，天下最終歸誰所有，就不是一個定數了。

面對勁敵，從容冷靜

在北美的曠野上經常會出現這樣的場景，一群分散的狼突然向一群馴鹿衝過去，引起馴鹿群的恐慌，導致馴鹿紛紛逃竄。這時，狼群中的一匹「劍手」會斜刺裡衝到鹿群中，抓破一頭馴鹿的腿。隨後便又將這頭馴鹿放了。這種情況一天天地重演著，受傷的馴鹿漸漸失掉大量的血液、力氣和反抗的意志。最後狼群再選擇時機，捕食馴鹿。

狼群之所以這樣做，主要是因為馴鹿的體型較大，如果踢得準，一蹄子就能把比牠小得多的狼踢翻在地。因此，狼在面對馴鹿的時候，從容冷靜，仔細分析對策，最終將馴鹿擒住了。

在任何情形之下，我們都要保持一個冷靜的頭腦，即使一時束手無策也要保持鎮定從容。遇到變故便手足無措的人必定是一個懦夫，一旦遇到重大的困難，這種人就會推卸重任。只有遇到意外情況仍然鎮定從容的人，才能擔當大事。

在失敗和危急關頭保持冷靜是很重要的。有人面對危難，急躁發怒；成大事者臨危不亂，沉著冷靜，理智地應對危局。

足球場上，兩隊經過九十分鐘酣戰，又度過了隨時可能遭遇「突然死亡」的三十分鐘加時賽，緊張刺激的時刻終於到了——十二碼罰球決勝！

輸贏在此一舉。此時對於被指派上場的球員而言，什麼是最重要的？信心？力量？技術？不！是沉著！此時，只有沉著方能助他完成這最後的致命一擊，方能助整個球隊走向輝煌的勝利。

不管你是否承認，只有沉著才是力挽危局的法寶，這種品格總能產生戰無不勝的力量。

歷史上的法奧馬倫哥戰役是拿破崙執政後指揮的第一個重要戰役。這次戰役的勝利，對於鞏固法國脆弱的資產階級政權，對於加強拿破崙的統治地位都有重要的意義。在這場戰役中，拿破崙把他的沉著冷靜與臨危不亂的品格發揮到了極致，並且最終取得戰役的勝利。他有效地製造和利用了敵人在判斷上的錯誤，真正做到了出敵不意，出奇制勝。

從亞平寧山脈進入北義大利是法國人在歷史上入侵義大利經常走的一條老路。這一次，拿破崙一反常規，偏偏避開了他在第一次義大利戰爭中也曾走過的那條路線，而選擇了一條歷史上很少有人走過、在一般人眼裡根本無法通行的道路。結果，完全出乎奧軍意料之外，達成戰略上的突然性，收到戰略奇襲的效果。正由於這個戰略奇襲，他成功地避開梅拉斯的主力，彌補自己兵力的不足。

他靈活機敏，能夠在複雜的形勢下趨利避害，避實就虛。拿破崙率領預備軍團翻過大聖伯納德山口，進入北義大利後，面臨著兩種選擇：一種是迅速南下，增援馬塞納，傾全力解熱那亞之圍，使義大利軍團免遭覆滅的厄運；另一種是暫時置馬塞納於不顧，迅速揮師東進，直取倫巴第的首府米蘭，斬斷奧軍退路，以求一舉切斷奧軍主力與本土之間的聯繫，迫使奧軍北撤，然後與其進行決戰。拿破崙從戰役全局出發，審時度勢，權衡利弊，冷靜做出選擇後者的正確決策。

他沉著冷靜地應付著險象環生的戰鬥環境，在關鍵時刻指揮若定，臨危不懼。拿破崙在馬倫哥戰役中，正好顯示了這個特點。在六月十四日下午的幾個小時裡，法軍的處境可謂岌岌可危。按照一般人的看法，出現了這種情況，法軍肯定是必敗無疑了。可是，拿破崙卻仍然鎮定自若，繼續從容不迫地指揮部隊抗擊敵人的進攻，因此爭取了時間，等到了援兵的到達。

儘管德賽率部隊及時趕到具有一定的偶然性，但拿破崙在這危急關頭的堅定態度，對於穩定法軍的情緒，鼓舞法軍繼續進行頑強的抵抗，是有重要作用的。沒有他的堅定指揮，法軍早在德賽的援軍到達以前就崩潰了。

心理學家認為，失敗會導致一連串的連鎖反應。除非你把失敗看作是促進成長和實現成功的一個工具，否則失敗對感情的重創一定會侵蝕你的自信和樂觀。當你明顯發現自己沒有任何一件事是做對的時候，你會陷入些許的驚慌。那種驚慌會再轉變成恐懼，你會害怕你每天在任何地方做的任何事情都會被弄得一團糟。

麥可是一個跳傘隊員，在一次為比賽而進行訓練的時候，他和隊友在南加利福尼亞的沙漠上空練習特技跳傘。他們在距離地面一萬三千英尺的高空從飛機上往下跳，然後他們得立刻挽起手編成隊形，直到他們降落到距地面五千英尺的地方才可以鬆開手。

隊員們的手鬆開了，他們一個個從隊形中分離出來，想要打開他們的引導傘。當麥可把手伸向自己的引導傘時，可怕的事情發生了，什麼動靜都沒有。引導傘，那把應該先於主降落傘打開，確保整個開傘過程井然有序的小小的制動傘——被卡住了！地面朝著他飛速撲來，他伸出手又做了一次，努力想拉開他的引導傘，沒有一點用。

不用說，當時那種情形讓人感到絕望極了。雖然還有備用傘，出於兩個原因麥可一直遲遲沒有打開它：一個原因是，如果備用傘已經打開了，以後他的引導傘也最終打開，就會有兩把降落傘同時在麥可的頭頂，它們會絞在一起。現在距離地面這麼近，一旦出現這種情況會是致命的。另一個原因是，打開備用傘是走投無路時的最後一招，只有在緊急狀態下才可以這麼做。這時候麥可的腦袋裡出現了一個小小的聲音，提醒他現在是危急時刻，他需要立刻打開備用傘。

此時，他已經降落了一萬英尺，距離地面只剩下三千英尺，麥可必須在這時候打開備用傘，否則就徹底沒戲了。備用傘「砰」地發出一聲巨響在他頭頂張開，綻開了美妙絕倫的一幅畫面：一把橙綠色的、開得滿滿的降落傘在藍天碧水間緩緩飄落。麥可安全地朝著地面飄下來，陶醉在自己依然活著的巨大喜悅裡。

麥可說他當時一遍遍提醒自己一定要保持冷靜，因為驚慌失措只能讓事情的結果更糟。

冷靜是一種修養，一種膽識，一種做人的智慧。冷靜的心態要靠平時苦修。因此，平時我們應該注意加強學習，培養自己良好的作風和道德修養，隨時用「冷靜」來約束自己。

遭遇「危機」，冷靜一下想辦法

狼群陷入獵人的包圍圈中。在這個危難時刻，狼王卻顯得十分鎮定，臨危不亂。牠辨明形勢，果斷地率領狼群實施突圍。在危機面前，狼王表現出來的鎮定以及臨危不亂，是值得我們學習的。只有處變不驚，心態良好，才能使自己的頭腦永遠保持冷靜，才能在困境面前做出判斷，為自己找到一條生路。

美國的波音公司和歐洲的空中巴士公司曾經為爭奪日本「全日空」的一筆大生意而打得不可開交，雙方都想盡各種辦法，力求爭取到這筆生意。由於兩家公司的飛機在技術指標上不相上下，報價也差不多，「全日空」一時拿不定主意。

可就在這個關鍵時刻，短短兩個月內，世界上就發生三起波音客機的空難事件。一時之間，來自四面八方的各種指責都向波音公司彙集而來。這使得波音公司蒙受了奇恥大辱，產品品質的可靠性也受到了人們的普遍懷疑。這對正與空中巴士爭奪的那筆買賣來說，是一個不好的信號。許多人都認為，這次波音公司肯定是輸定了。但波音公司的董事長威爾遜卻沒有被這些事件擊倒。他馬上向公司全體員工發出了動員令，號召公司全體上下一起行動起來，採取緊急的應變措施，力闖難關。

他先是擴大自己的優惠條件，答應為全日空航空公司提供財務和配件供應方面的便利，同時低價提供飛機的保養和機組人員培訓；接著，又針對空中巴士飛機的問題採取對策，在原先準備與日本人合作製造A3型飛機的基礎上，提出願和他們合作製造比A3型飛機更先進的七六七型機的新建議。空難前，波音原定與日本三菱、川崎和富士三家著名公司合作製造七六七客機的機身。空難後，波音不僅加大了給對方的優惠，而且還主動提供了價值5億美元的訂單。透過打周邊戰，波音公司博得了日本企業界的普遍好感。在這些努力的基礎上，波音公司終於戰勝了對手，與「全日空」簽訂高達十億美元的成交合約。這樣，波音公司不光度過了難關，還為自己開拓了日本這個市場，打了一場反敗為勝的漂亮仗。

遇到危機的時候，不要消極躲避，更不要以硬碰硬。全力以赴，依靠你敏捷的思維化險為夷。

英國航空公司曾經遇到一件事：一架由倫敦經紐約、華盛頓飛往邁阿密的英國航班，因為機械故障被迫降落後在紐約禁飛。乘客對此極為不滿，對英國航空公司怨聲載道。該公司立即調度班機，將六十三名旅客送往目的地。當旅客下機時，英航員工向他們呈遞了言辭誠懇的致歉信，並且為他們辦理退款手續。六十三名乘客免費搭乘了此班飛機。此舉異常高明，儘管英航損失一大筆錢，但產生力挽狂瀾之功效，大大弱化乘客的不滿情緒。英航的這個舉措被人們廣為流傳，不僅未使英航聲譽受損，反而大大提高，乘客源源不斷。

面對危機，不要麻木，不知所措，要學會沉著冷靜地面對，根據不同的情況做出相應的變通。這樣你才有可能克服困難走向成功。

冷靜是狼的一種生存力量，因為牠們知道「大丈夫能屈能伸」，「好漢不吃眼前虧」。保持冷靜，學會沉著地去應對，認真思考，你才能開闢出一條成功的人生之路。

—第七章—

鎖定目標，持之以恆

目標猶如方向，選準你的方向

在動物園看見過狼的人都知道，狼即使被困在籠子裡，也要在籠子裡不停地兜圈子；相反，在籠子裡的獅子卻更願意趴著。在野外看到的狼，我們也極少看到牠們悠閒地漫步，牠們總是在奔跑著。狼這樣做是為了保證自己有出色的奔跑能力而得以生存。

我們也應該像狼一樣，明確知道自己該做什麼，不該做什麼。可總有些人不是這樣，他們不知道自己該做什麼，也拿不出行動，總是尋找各種各樣的理由。其實究其根本原因就是缺乏目標。目標猶如方向，選準你的方向。

大多數人對於未來都是抱持順其自然的態度，很少有人會認真地思索，總是認為「命裡有時終須有，命裡無時莫強求」。其實，這種看似樂觀的想法，換一個角度看完全是一種消極的人生態度。想要堅定地走在人生旅途上，越過那些障礙，你必須有目標。

曾經有三名瓦工，在炎炎烈日下同樣辛苦地建造一堵牆。一個行人問他們：「你們在做什麼？」

「我在砌牆。」第一人答道。

「我工作一小時，賺五元工錢。」第二個瓦工答道。

行路人又稍向前走了幾步，來到第三個瓦工面前，提出相同的問題。第三個瓦工仰望著天空，以富有幻想的表情凝視著遠方，答道：「我正在修建一座大教堂。」

多年以後，前兩個瓦工庸庸碌碌，無甚作為，還在砌牆，第三個瓦工成為一位享譽世界的建築工程師。

古人云：「有志者，事竟成。」所謂志，就是指一個人為自己確立的「遠大志向」，確立的人生目標。人生目標是生活的燈塔，如果失去它，就會迷失前進的方向。確立人生目標，是一個能讓我們以繁忙來代替對現實的不滿和抱怨的好方法。目標對於人生，正像空氣對於生命一樣。沒有空氣，生命就不能夠存在，沒有目標，等待人生的只有失敗與徘徊。

如果將心理學家的結論用哲人的語言來表達，那就是，偉大的目標構成偉大的心靈，偉大的目標產生偉大的動力，偉大的目標形成偉大的人物。

一次，考克斯和約翰一起進行凌晨穿越塞倫蓋提國家公園的飛行。景色非常優美，他們能看見大象、獅子和大群羚羊席捲穿過整個平原。

「羚羊的數量這麼大，真是一件好事啊！」他們的非洲導遊注意到他們正盯著那一大群羚羊沉吟時說道，「否則，這個物種很快就會滅絕。」

考克斯問他為什麼這麼說，他笑了，然後指著一頭停止奔跑的羚羊說：「你將會注意到那頭羚羊跑不了多遠了。牠停下來不是因為意識到有什麼重要的事情需要思考，也不是因為牠累了，而是因為牠太愚蠢，以至於忘記了當初牠為什麼要奔跑。牠發現天敵，本能地逃開，開始往相反的方向跑。但是牠忘記了是什麼促使牠奔跑，甚至有時候是在最不適當的時候停下來。我曾經看見牠就停在天敵旁邊，有時甚至向某個天敵走過去，似乎牠已經忘記了這是否就是同一種在幾分鐘以前讓自己驚慌失措的動物。牠就差衝上去說：『嘿！獅子先生，你餓了嗎？在找午餐嗎？』如果不是有一大群羚羊，我想這整個種群將在幾個星期之內被消滅乾淨。」

當時，考克斯在熱氣球上很容易去嘲笑那些羚羊，而在這次飛行結束以前，他發現自己有了一個很有趣的想法——在現實的商業世界中，他曾經見過同樣的問題。

為了避免羚羊思維，你必須確定一個目標，然後堅持不懈地向它努力。你不想在路上停下來，而且當你的天敵逼近的時候，當然更不想停下來。當每天結束的時候，你必須好好總結一下，並且問自己：「距離我為自己設定的主要目標，今天我又走近了多少？」如果你對這個問題的真實答案是，今天你沒有為達到目標做出什麼有意義的行動，也就是說今天你停在路上，你必須決心從明天開始讓自己振作起來。

專注於目標，不受其他誘惑

一隻狼正隱蔽在樹叢裡觀察羚羊群的動向，羚羊群正在一片草地上悠閒地吃著青草，似乎沒有提防周圍的事物。牠們三個一群，兩個一夥，不斷地變換食草地點，一會兒跑到樹叢邊上，一會兒又跑到草地中間。儘管好幾隻羚羊都在狼眼前晃來晃去，但狼始終只盯著其中的一隻羚羊。

狼就是這樣始終專注於目標，絕對不會受其他的誘惑。我們也一樣，看得太多，往往會分神，不容易成功。

爸爸帶著自己的三個兒子去草原打獵。四人來到草原上，這時爸爸向三個兒子提出一個問題。

「你們看到什麼？」

老大回答：「我看到我們手中的獵槍，在草原上奔跑的野兔，還有一望無際的草原。」

爸爸搖搖頭說：「不對。」

老二回答：「我看到爸爸、哥哥、弟弟、獵槍、野兔，還有茫茫無際的草原。」

爸爸又搖搖頭說：「不對。」

老三回答：「我只看到野兔。」

這時，爸爸說：「你答對了。」

一個能順利捕獲獵物的獵人只瞄準自己的目標。我們有時之所以不成功，是因為看到的太多，想得太多，禁不住太多的誘惑，失去自己的目標和方向。一個人只有專注於你真正想要的東西，你才會得到它。

安大略湖的一位著名的主教講述一個故事，說明了堅強的意志對把握人生機會的重要性：

一個商人需要一個小夥計，他在商店裡的窗戶上貼了一張獨特的廣告：「招聘：一個能自我克制的男士。每星期四美元，合適者可以拿六美元。」「自我克制」這個術語在村裡引起議論，這有點不平常。它引起小夥子們的思考，也引起父母們的思考。這自然引來了眾多求職者。

每個求職者都要經過一個特別的考試。

「能閱讀嗎？小夥子。」

「能，先生。」

「你能讀一讀這一段嗎？」他把一張報紙放在小夥子的面前。

「可以，先生。」

「你能一刻不停頓地朗讀嗎？」

「可以，先生。」

「很好，跟我來。」商人把他帶到他的私人辦公室，然後把門關上。他把這張報紙送到小夥子手上，上面印著他答應不停頓地讀完的那一段文字。閱讀剛一開始，商人就放出六隻可愛的小狗，小狗跑到小夥子的腳邊。這太過分了。小夥子忍受不住誘惑，要看看美麗的小狗。由於視線離開了閱讀材料，他忘記了自己的角色，讀錯了。當然他失去這次機會。

就這樣，商人打發了七十個人。終於，有一個年輕人不受誘惑一口氣讀完了。

商人很高興。他們之間有這樣一段對話：商人問：「你在讀書的時候，沒有注意到你腳邊的小狗嗎？」

年輕人回答：「對，先生。」

「我想，你應該知道牠們的存在，對嗎？」

「對，先生。」

「為什麼你不看一看牠們？」

「因為你告訴過我要不停頓地讀完這一段。」

「你總是遵守你的諾言嗎？」

「我總是努力地去做，先生。」

商人在辦公室裡走著，突然高興地說道：「你就是我要的人。明早七點鐘來，你每週的薪水是六美元。我相信你大有發展前途。」

年輕人的最終發展確實如商人所說。

鎖定目標，不達目的不甘休

狼族生存的最重要技巧，就是能夠把所有的精力集中於捕獵的目標上，他們只瞄準獵物，不達目的絕不甘休。對於不能達到的目標，他們絕對不會做出無意義的行為，不管是恐嚇性的咆哮，還是無謂的奔跑。

在非洲的馬拉河，河谷兩岸青草嫩肥，草叢中一群群羚羊在那裡美美地覓食。一隻狼隱藏在遠遠的草叢中，豎起耳朵四面旋轉。牠察覺到了羚羊群的存在，然後悄悄地地接近羊群。越來越近，越來越近，羚羊也有所察覺，開始四散逃跑。豺狼像百米運動員般瞬間爆發，如箭一樣衝向羚羊群。牠的眼睛緊緊盯住一隻未成年的羚羊，直向牠追去。

在追與逃的過程中，豺狼超過了一頭又一頭站在旁邊觀望的羚羊，但牠沒有掉頭改追這些更近的獵物，而是鍥而不捨地直朝著那頭未成年的羚羊狂追猛趕。

羚羊累了，狼也累了，在這場較量中最後比的是速度和耐力。終於，豺狼的前爪搭上羚羊的後背，羚羊成為狼的嘴中物。

也許你會很疑惑，在追擊過程中，狼為什麼不改追那些離自己更近的羚羊？這正是我們所欠缺的，多數人總是在左顧右盼，游移不定。要麼沒有任何目標，要麼有了目標卻無法堅守目標。這種現象普遍存在於動物世界中，也許是一種代代相傳的本能。

專注，已經成為一個人是否能成功的決定性因素。心無旁騖，鎖定目標，是人類需要從狼身上學習的一個重要的素質。

從前，有一隻貪狗經常到寺院裡去尋食物。當地有兩座寺院，一座在河水的東岸，另一座在河水的西岸。貪狗聽到東岸寺院僧人開飯的鐘聲，便去東岸寺院去討食；聽到西岸寺院僧人開飯的鐘聲，又去西岸寺院去討食。

後來，兩座寺院同時鳴鐘開飯，貪狗渡河去討食，當向西游去時，唯恐東岸寺院的飯食比西岸寺院的好；向東游去時，又怕西岸寺院的飯食比東岸寺院的好。牠一會兒向西游去，一會兒又向東游去，最後渾身無力，活活地淹死在河水中。

沒有大到不能完成的夢想，也沒有小到不值得設立的目標，只有朝著確定的目標行動，才能有成功的希望。專注投入地做好一件事，目標太多會讓你一事無成。

剪掉旁枝，才能茁壯成長

狼在捕食獵物時，從來都是集中全部精力。牠們的眼睛始終都不曾離開牠們獵取的目標，隨時觀察著獵物。對於不在牠們獵取範圍內的，絕不多看一眼。

明智的人最懂得把全部的精力集中在一件事上，只有如此方能實現目標；明智的人也善於依靠不屈不撓的意志、百折不回的決心以及持之以恆的忍耐力，努力在人們的生存競爭中獲得勝利。

那些富有經驗的園丁經常把樹木上許多能開花結實的枝條剪去，一般人往往覺得很可惜。但是，園丁們知道，為了使樹木能更快地茁壯成長，為了讓以後的果實結得更飽滿，就必須忍痛將這些旁枝剪去。否則，若要保留這些枝條，將來的總收成肯定要減少無數倍。

那些有經驗的花匠也習慣把許多快要綻開的花蕾剪去，這是為什麼？這些花蕾不是同樣可以開出美麗的花朵嗎？花匠們知道，剪去其中的大部分花蕾後，可以使所有的養分都集中在其餘的少數花蕾上。等到這少數花蕾綻開時，一定可以成為那種罕見、珍貴、碩大無比的奇葩。

做事就像培植花木一樣，與其把所有的精力消耗在許多毫無意義的事情上，還不如看準一項適合自己的重要事業，集中所有精力，埋頭苦幹，全力以赴，肯定可以取得傑出的成績。

世界上無數的失敗者之所以沒有成功，主要不是因為他們才幹不夠，而是因為他們不能集中精力、不能全力以赴地去做適當的工作，他們自己竟然還從未覺悟到這個問題：如果把心中的那些雜念一一剪掉，使生命力中的所有養料都集中到一個方面，他們將來一定會驚訝——自己的事業上竟然能夠結出那麼美麗豐碩的果實！

擁有一種專門的技能要比有十種心思來得有價值，有專門技能的人隨時隨地都在這個方面下苦功求進步，隨時都在設法彌補自己的缺陷和弱點，總是想到要把事情做得盡善盡美。而有十種心思的人就和他不一樣，他可能會忙不過來，要顧及這個又要顧及那個，由於精力和心思分散，事事只能做到「尚可」為止，結果當然是一事無成。

現代社會的競爭日趨激烈，所以你必須專心致志，對自己的工作全力以赴，這樣才能做到得心應手，有出色的業績。

狼在捕獵的時候，會把所有精力都集中於捕獵的目標上，然後捕獵，最後成功。一個人只

狼道

有事先確定好自己的目標，然後再把所有的時間、精力和智慧凝聚到所要做的事情上，進而最大限度地發揮自己的潛能，實現自己的目標。

—第八章—

冒險家的遊戲：勇探虎穴，奪取虎子

斬斷退路，置之死地而後生

希望是督促人們成功的動力，也是生命存在最主要的「激動劑」：只要活著就有希望。希望不一定是多麼偉大的目標，它可以縮小到平淡生活中的一些小期待、小滿足。也許這些小期待、小滿足只是一些微不足道的細碎小事，但是對個人而言，卻可以帶來一些快樂。希望就是平常的滿足，從容的期盼。

在生活中，不論希望大小，只要值得我們去期待就都是美好的，而當我們在努力過程中，必然能感受到其中的快樂，生命便也因此更豐富、更有意義。

斷絕你自己準備的一切後路吧，這樣才能讓自己無牽無掛，無所顧忌，全心全意地去追求成功。

凱撒在尚未掌權之前，是一位出色的軍事將領。有一次，他奉命率領艦隊前去征服英倫諸島。

在他出發前檢閱艦隊時，才發現一個嚴重的問題，隨船遠征的軍隊人數少得可憐，武裝配備也殘破不堪，以這樣的軍力妄想征服驍勇善戰的盎格魯-撒克遜人，無異於以卵擊石。

但凱撒還是決定啟程，航向英倫諸島。艦隊到達目的地之後，凱撒等所有兵丁全數下船後，立即命令親信部屬一把火將所有戰艦燒毀。

同時，他召集全體戰士訓話，明確告訴他們。戰船已經燒毀，所以大夥兒只有兩種選擇：一是勉強應戰，如果打不過勇猛的敵人，後退無路，只會被趕入海中餵魚。另一條路是，克服軍力、武器、補給的不足，奮勇向前，攻下該島，人人皆有活命的機會。

士兵們人人抱定必勝的決心，終於攻克強敵，而凱撒也因為這次成功的戰役，奠下日後掌權的基礎。

在中國古代也有類似的故事，「破釜沉舟」確實是最能激勵人心的方式之一。

大多數成功人士之所以成功，都由於他們為了達成目標，捨棄一切與他成功之路不相關的事物，眼光只鎖定他的目標。

這般強烈的成功意志，對於一般人而言，似乎較為難以具備。故而，我們不妨學習凱撒大帝火燒戰船斷絕後路的方式，來激勵自我能夠全力以赴。

除去諸如拖延、怠惰、消極意識等阻礙你成功的事物，然後再斷絕所有可退之路，只有這樣，才能保證渴望追求成功的願望，如同求生的本能一般，那麼迫切而強烈，將帶領你走向成功。

如果明確自己完全無路可退，即使再怯懦的人，也會成為最英勇的戰士，挺起胸膛，去迎接任何挑戰，而且最終可以取得勝利。

絕地重生，殺出一條血路

一隻狼已經被獵人追到斷壁的邊緣，前面是萬丈深淵，後面是手持獵槍的獵人。如果要求生，只有越過前面近五公尺寬的斷壁溝壑跳到對面。

然而，這是根本不可能的。狼的焦躁被獵人察覺了，他抿著嘴笑了，打算活捉這匹狼。然而就在這時，狼做出讓獵人意想不到的決定：沒有任何助跑，而是縱身一躍向溝壑跳去。

獵人閉上了雙眼，這一幕似乎有些殘忍。然而當他睜開雙眼時，他看到的是掛在對面斷壁邊的狼在拼命地向上攀爬。終於，牠的後腿找到著力點。

這就是狼的血性——絕地重生，殺出一條血路。「凡為客之道：深則專，淺則散。」有時候，無路可走了，往往能殺出一條血路，出其不意地取得勝利。「項羽鑿兵解鉅鹿之圍」就是一個典型的戰例。

西元前二〇八年，秦國和趙國發生戰爭，秦兵將趙國的都城鉅鹿包圍起來，趙軍被困，動彈不得，鉅鹿危在旦夕。趙王一面派人向齊、燕、代、楚等求救，一面命大將陳餘出戰抗敵。哪知齊、燕、代幾國的援兵進到鉅鹿附近，懾於秦軍威勢，便不敢再向前，只在城外拒守。而陳餘看到虎視眈眈的秦兵也不敢輕易出戰。

這時，只有楚國的項羽挺身而出。項羽驍勇異常，不久前殺死了宋義，楚懷王將他任命為上將軍。項羽接到趙軍的求救，便領兵出戰，率領楚軍投入了救趙戰鬥。渡過黃河以後，項羽即下令全軍將士，燒毀營舍，沉掉船隻，砸破釜甑，每人只帶三天乾糧，誓與秦軍決一死戰。楚軍上下面臨絕境，又見主帥項羽英勇慷慨，人人奮力前行，懷必死之心，直抵鉅鹿城下。

秦將王離看見楚軍攻來，就立刻調遣軍隊迎戰楚軍。兩軍相逢，秦軍還未展開陣勢，楚軍早已一齊衝上，勇不可當，對著猝不及防的秦軍亂砍亂殺，殺得秦軍根本無招架之力，竟三戰三退。秦將章邯又率大軍前來增援，希望仗著強大的兵力可以反敗為勝。但殊不知，情況並非如此。從表面上看，秦軍甲仗齊整，隊伍雄壯，兵多將廣，其勢如泰山壓頂；楚軍這邊衣甲簡陋，三五成群，步伐粗疏，各自為戰，全然不成陣勢，似毫無訓練的散兵游勇，只知橫衝直撞。兩軍對陣，與秦軍相比，楚軍似乎毫無可對抗性，作壁上觀的燕、代、齊各國將士，都捏了一把汗，以為楚軍必敗無疑。但其實，這其中包含了大學問，正是項羽用兵的精妙之處。

項羽知道秦楚兵力懸殊，如果按照常規兵對兵、將對將的列陣對抗，楚軍一人對付秦軍二人還不夠分配，取勝是不可能的。所以項羽反其道而行之，從戰場情勢出發，靈活處置，自己身先士卒，衝殺在前，命將士不拘陣勢，各自為戰，只求殺敵取勝，將士們見主帥衝鋒在前，於是士氣大振。項羽還讓士兵們破釜沉舟，無後退之路，只有奮勇向前才可能有活路。所以士兵們怒氣沖斗牛，以一當十，以十當百，呼聲震天。秦軍聞聲喪膽，楚軍刀斧過處，秦軍屍橫遍野。

章邯曾經在項羽面前吃過敗仗，今日之陣勢，更令他膽顫心寒，沒經過幾個回合，秦軍傷亡便十有三四，只好敗退而去。項羽下令宿營休息，讓士兵們飽食乾糧，以便再戰。第二日出戰前，項羽對士兵們說：今日務必盡掃秦兵。我軍糧食已盡，不勝將全軍覆滅。並命將士殺敵後，只管向前，不必考慮陣形與別人的策應。

將士們得令後，個個爭先。剛進入戰場，便一聲呼嘯，直向秦軍殺去。章邯雖極力催促部下向前，但根本敵不過楚軍英勇猛烈，陷於被動地位，一退再退，五退之後便潰不成軍。章邯倉皇率殘兵逃回秦軍大營。王離在項羽大戰章邯時，勉強守住了本寨，但絕不敢出戰。項羽便命英布等領兵堵住道路，自己親率軍馬攻打王離，一鼓作氣，直搗王離營門。王離想奪路逃跑，卻被項羽堵住出路，只三四個回合，便被楚軍生擒了。就這樣，楚軍取得勝利，解除趙國的鉅鹿之圍。

鉅鹿之戰的成功，主要是因為項羽善用兵法，先「破釜沉舟」、自斷退路，再「踐墨隨敵」、各自為戰，將將士們的驍勇善戰發揮到了極致，他自己還身先士卒，為士兵提供很好的模範帶頭作用，從他率楚軍抵達鉅鹿城下，到擊潰勢力強大的秦軍，先後僅用三日，不得不說這是一個戰爭史上的奇蹟。

勇於冒險，才能取得更大的成就

狼的冒險精神經常表現在捕捉獵物的時候，為了在自然界中生存，幼狼從小就跟在成狼身邊學習生存本領。其中，勇於冒險，不入虎穴，焉得虎子，就是一個重要本領。每次狼捕食比自己大好幾倍的馴鹿和羚羊時，往往會在其周圍埋伏很久，觀察每一隻獵物。最後，再擇取時機向前捕食。

「明知山有虎，偏向虎山行。」勇於冒險，敢作敢為，是成功者的一個重要特徵。只有失敗的人才會不求有功，但求無過，永遠不犯錯，這其實正是什麼也做不成的原因。

一位社會學家曾經精闢地將社會人群分為以下四類：

第一類人像醫生。他的大部分時間是用來對付已經出現的問題和當前棘手的難題，即所謂的頭痛醫頭、腳痛醫腳。此類人對尋求機會不積極。

第二類人像火車司機。他只能在既定的軌道上定時定點定向地行駛，他的最佳工作效果只是將指派的工作完成得盡善盡美。此類人對機會沒有強烈的反應。

第三類人像農民。他總是希望在有限的土地上取得最大的收益。這類人善於鑽營，不過他的活動區域只限於一定的範圍，缺乏冒險精神。

第四類人像漁夫。這類人敢於冒風險，作業範圍廣，但不能保證定有收穫。這類人是最積極地發掘機會和最敢於冒風險的人。

「不入虎穴，焉得虎子」。機會只屬於能夠積極發掘機會和敢於冒風險的人，如果風險小，許多人都會爭先恐後地追求這種機會；風險大的時候，就會有許多人望而卻步，甚至連想都不敢想，此時才是少數敢於冒風險者獲得最大利益的好時機。所以，也可以說，時機就是對人們承擔的風險的相應補償。

冒險不等於莽撞，在冒險中需有謹慎的態度。有了謹慎的態度，跌的跤才會少一些。但是，在複雜多變的現代社會，過分謹小慎微，不敢去做前人未做過的事，不敢去攀登前人未曾攀登過的高峰，不僅無從體驗冒險的刺激與成功的喜悅，也永遠不會有什麼作為。

德國偉大的詩人、小說家和劇作家歌德年輕時希望成為一個世界聞名的畫家，為此他一直沉溺於那變幻無窮的世界中而難以自拔。四十歲那年，歌德遊歷義大利，看到真正的造型藝術傑作後，終於恍然大悟過來：放棄繪畫，轉攻文學。雖然他知道自己這樣做是一種冒險，但是他認為自己已經沒有退路。經過不斷地學習和摸索，歌德日後成為一名偉大的詩人。從冒險到成功需要一個過程，甚至是一個痛苦的、付出無數艱辛代價的探索過程。歌德曾感慨道：「要發現自己多不容易，我差不多花了半生光陰。」他又說：「這需要很大的神志清醒，它只有透過歡喜和苦痛，才學會什麼應該追求和什麼應該避免。」

英國批評家卻斯特頓說：「我是不相信命運的。行動者，無論他們怎樣去行動，我不信他們會遇到註定的命運；如果他們不行動，我確信他們的命運是註定的。」其實，生活本身就是一次探險，不可能事事都十拿九穩，萬無一失。有行動，必然就有風險，目標越大，風險也越大。如果不主動地迎接風險挑戰，就只有被動地等待風險降臨。勇於冒險求生，才能充分發揮潛能，做得比你想像中的要好得多。

美國傳奇人物、拳擊教練達馬托說過：「英雄和懦夫都會有恐懼，但英雄和懦夫對恐懼的反應卻大相徑庭。」在勇冒風險的過程中，你能使自己平淡的生活變成激動人心的「探險經歷」，這種經歷會不斷地向你提出挑戰，不斷嘉獎你，使你不斷地恢復活力。這正是人生的一大樂趣。納爾遜說：「只有面對困難或危險，才會激起更高一層的決心和勇氣。」

此外，「危機」就是「危險」加上「機會」，只有敢於冒險，抓住機會，才能度過危機。

漢明帝時期，班超奉命帶領三十六人去西域鄯善國，謀求建立友好邦交關係。剛到該國，鄯善國王對漢朝使團十分恭敬殷勤，但幾天後，態度突然變了，越來越冷漠。班超警覺起來，派人打聽，原來是匈奴的一個一百三十多人的使團正在暗中加緊活動，向鄯善國王施壓，欲使鄯善國與匈奴聯合，孤立漢朝。

形勢十分嚴峻。班超對大家說：「現在匈奴使團才來幾天，鄯善國王就對我們逐漸疏遠了，倘若再過幾天，他被匈奴徹底拉過去，說不定會把我們抓起來送給匈奴討好。到那時，我們不僅無法完成使命，恐怕連性命也難保！怎麼辦？」

「生死關頭，一切全聽你的。」隨從們態度堅定，但是也表示出擔心，「我們畢竟只有三十六人，怎麼辦？」

班超斬釘截鐵地說：「不入虎穴，焉得虎子。今天夜裡就行動，以迅雷不及掩耳之勢，一舉消滅匈奴使團！只有如此，才有可能使鄯善國王誠心歸順我們漢朝。」

當天深夜，班超帶領這三十六人，藉著夜色掩護，悄悄摸到匈奴人駐地，對一百三十多人的匈奴使團——四倍於自己的敵人，毅然發動了襲擊，並一舉殲滅他們。第二天早晨，班超捧著匈奴使者的頭去見鄯善國王，國王大驚失色。

但是匈奴使者已經被殺，鄯善國王已經不可能再和匈奴人和好，於是只好同意和漢朝永久友好。

班超敢於冒險、當機立斷的忠勇與膽略，也隨著「不入虎穴，焉得虎子」這句成語而彪炳史冊，傳誦千古。

沒有冒險精神，絕對與成功無緣。風險與機會並存的時候，那些勇敢的人已經冒著風險行動了，當你左右觀望，踟躕不前的時候，也許這個機會已經沒有了。

智者推崇「冒險」精神，認為做事情不可能有百分之百的把握，主張在穩重決策的同時，還必須有一點「冒險」精神。冒險能激發創新、奮鬥，大大鼓舞人們的士氣，這一點我們可以從美國玫琳凱化妝品公司的創始人玫琳凱的奮鬥故事中得到一些啟發。

玫琳凱說：「製造冒險氣氛要從公司的最高領導做起。假如一家公司的總經理沒有冒險精神，你很可能在該公司裡看不到冒險精神。這是一種自上而下潛移默化的特點：總經理要是放手讓其他經理人員去冒險，後者同樣會放手讓自己手下的人員去冒險。這樣，每個經理在自己的範圍內都是決策人。如果兩名經理意見不一，上級經理支持有能力做出決定的那位經理。然而，也有這樣的時候：一位經理做出的決定最終被證明是錯誤的，在鼓勵經理們冒險的公司中，這種情況是不可避免的。在玫琳凱化妝品公司，流行一句最適用於公司經理們的格言：

『失敗是成功之母』。我認為，放手讓人們去冒險，並允許他們在冒險時犯錯，這一點十分重要。這是一條促使他們進步並富有創新精神的最好途徑。」

玫琳凱首次舉辦玫琳凱化妝品展銷的時候失敗了。她當時急於想證明可以在三五成群的女子中銷售她們的護膚品，希望自己舉辦的展銷會大獲成功。但是那天晚上她總共只獲利一塊五毛錢。離開展銷地點後，她驅車拐過一個角落，伏在方向盤上哭了起來。「那些人究竟怎麼了？」她問自己，「她們為什麼不買這種奇妙的護膚品？」她憂心忡忡，因為她把畢生的積蓄全部投入了公司的這次新冒險。但當她冷靜下來之後，她覺得自己不應該這麼輕易地被打敗，她對著鏡子問自己，「玫琳凱，你究竟錯在哪裡？」這一問卻使她恍然大悟——她竟然從來沒想過請人訂貨。她忘記了向外發訂貨單，而只是指望那些女人會自動來買東西！這麼問過之後，玫琳凱在第三次舉行化妝品展銷的時候沒有重犯上述錯誤。

玫琳凱在成功之後說：「是的，我失敗了，而且幾度憂心忡忡。但是分析前因後果之後，我從失敗中汲取了教訓。我數千次向玫琳凱公司的人講述這段往事。我要他們知道，我首次舉行化妝品展銷的時候失敗了，但是我沒有因此而甘休。我們這次失敗是後來的成功之母。我確信生活就是許多嘗試和失敗，我們只是偶爾獲得成功，重要的是要不斷地嘗試，勇於冒險。」

狼無論面對多麼強大的對手和多麼惡劣的環境，牠們都會勇於冒險，拿出置之死地而後生的精神放手一搏，最後成功捕食。人生也是如此，不入虎穴，焉得虎子，只有敢於冒險，才能取得更大的成就。

第九章

豁達樂觀，笑對一切

豁達樂觀，擁有強者的心態

狼有冷靜、達觀的強者心態，牠們一生都在朝著高處攀登，從不虛幻顯示榮耀。狼經常保持高昂的熱情，不惜忍辱負重，始終以達觀的心態去面對惡劣的生存環境。這就是狼給我們的啟示，無論遇到多麼大的困難，始終以一種豁達樂觀的心態注視著前方。

《三劍客》中有一句名言：「人生是一串由無數小煩惱組成的念珠，達觀的人是笑著數完這串念珠的。」豁達樂觀的人，凡事都能往好處想，能想得開。而消極悲觀的人，則往往就看不到光明的一面。一切問題都不是我們所想像的那樣糟，關鍵在於我們的態度，積極地去應對，沒有什麼解決不了的。

第二次世界大戰期間，一位名叫瑪莉的英國婦女隨她的軍官丈夫駐防在北非的埃及，住在靠近沙漠的營地裡，軍營的條件是很差的。

他們居住的木屋總是悶熱難當，連陰涼一點的地方氣溫也在三十度以上，狂風裹挾著沙土總是呼呼地吹個不停。軍營裡沒有幾個家屬，周圍住的又全是不懂英語的土著居民，生活毫無色彩，日子實在難熬。

而且丈夫經常要出去執行各種各樣的任務，這讓一個人在家的瑪莉總是感到非常寂寞。她向遠在祖國的父親寫信傾訴，多少流露出要回家的意思。父親的回信很快就收到了，信中寫了這麼一句話：「有兩名罪犯從監獄裡眺望窗外，一個看到的是高牆和鐵窗，一個看到的是月亮和星星。」

瑪莉拿著父親的信看了又看，想了又想，覺得父親說的很對。「好吧！」她振作起精神，「我這就去找星星和月亮。」於是她走到屋外，和鄰近的土著黑人交朋友，並請他們教她烹飪當地的食品，用泥土做成陶器。剛開始是有些艱難的，但是他們很快就熱情地接受她，瑪莉也開始融入當地人的生活中，漸漸地迷上這裡的風土人情。

不久之後，瑪莉還開始研究曾經讓自己無比厭煩的沙漠。很快，沙漠在她眼中成為神奇迷人的地方。她經常請土著朋友們引路到沙漠的深處探險，聽當地人講沙漠的特點，還讓遠在倫敦的親友幫她寄來當時能找到的關於沙漠的所有著作，並都認真地閱讀。而且她還將她對沙漠取得的點滴知識都寫進了自己的日記，她的生活因此變得充實，甚至有些忙碌了。

第二次世界大戰結束以後，由於在中東、非洲的沙漠地區不斷發現石油，人們對沙漠的認識和興趣都大增，瑪莉因為她的知識成為英國知名的沙漠專家。

幾十年後，有人向瑪莉問起事業成功的經驗時，她說到了月亮和星星的故事。她說：「是父親教給了我對生活的態度，這種態度是我事業的源泉，它使我終身受用。」

瑪莉女士找到自己的「星星」，她不僅不再長吁短歎了，而且獲得很大的成功。我們呢？我們又應該得到什麼樣的啟示？

在沙漠裡也可以找到星星，這句話給我們最大的啟示就是，不要害怕寂寞和苦惱，只要我們能夠擺正自己的心態，我們就一定能夠戰勝它們，就可以在沙漠中找到屬於自己的星星。

偶然的意外是生活中的組成部分，人的一生中每個人都會遇到。雖然我們不歡迎它，不喜歡它，但又總是躲避不開它。

一名婦女回到家中，看到丈夫在廚房裡瘋狂亂晃著身體，似乎腰間有根電線直連電熱壺。為了救他於危難之中，她就近從後門邊上抄起一塊厚木板朝他劈去，把他的胳膊劈成兩段，其實此前他一直快樂地聽著隨身聽。

兩名動物權利保護者正在抗議把豬送到屠宰場的殘忍行徑時，兩千頭豬突然從破籬笆中受驚跑出，撞倒並踩死了這兩名倒楣的保護者。

阿拉斯加瓦爾笛茲發生過石油洩漏後，救援每隻海豹的平均花費高達八萬美元。在一個特別儀式上，有兩隻花鉅款拯救回來的海豹在旁觀者的歡呼與掌聲中被放回大自然。但在一分鐘後，人們親眼目睹牠們被一頭殺人鯨吞入肚中。

……

可見，厄運是普遍存在的。面臨厄運之時，怨天尤人是一種，及時轉化也是一種，你選擇哪一種？

愛爾蘭作家巴克萊在文章中寫道：

有一位小學校長提到了一件他一生都難忘的事。

在學校的足球練習比賽中，一位男學生跌倒在地，把手臂跌斷了，剛好是他的右臂。

在等救護車把他送去醫院的時候，他要同學給他筆和紙。

同學問：「這種時候，你還要紙筆幹嘛？」

他回答：「你們有所不知，我的右臂既然斷了，我想，應該訓練自己用左手寫字。」

右臂壞了，是一種不幸。但是，能積極用左手來完成右手應該做的事，卻是一種極樂觀的生活態度。人生在世，不如意之事十有八九，難免經歷坎坷，陷入困境，遭遇痛苦，所以我們要樂觀豁達地笑對一切，擁有強者的心態。

積極樂觀，才能從失敗走向成功

狼群在捕獵的時候，失敗是常有的事。但是，狼在遇到挫折和失敗時，不是從此洗手不幹，從此放棄，而是積極地總結經驗教訓，找到失敗的原因，然後以最快的速度投入到下一次捕獵之中。

我們經常發現，一個失敗者不一定能轉變成一個成功者，但一個成功者，一定曾經是一個失敗者。一個成功的人，他成功的歷史，其實也是一部失敗的歷史。據說，世界上著名的成功人士所做的事情中，成功與失敗的比例是一：一〇。也就是說，他們幾乎要失敗十次，才能換來一次成功。

一個人越不把失敗當作一回事，失敗就越不能把他怎麼樣，他就越能成功；一個人如果越害怕失敗，失敗就越會纏住他，他就越難擺脫失敗。美國兩位哈佛畢業的總統的競選經歷就是最好的說明。羅斯福不怕失敗，他成功了；尼克森害怕失敗，他收穫的正好就是失敗。

羅斯福每天坐著輪椅，昂著頭，挺著胸，信心百倍地去上班。他在首次就職演說中提出的那個「無所畏懼」的戰鬥口號，鼓舞了千千萬萬的聽眾，他說：「我們唯一值得恐懼的就是恐懼本身。」他憑著永遠不承認失敗、永遠不甘放棄的精神，成為美國最傑出的總統之一。

尼克森在一九七二年競選連任美國總統，由於他在第一任期間，政績斐然，所以大多數政治評論家都預測尼克森將以絕對優勢獲得勝利。然而，尼克森本人卻缺乏自信，走不出過去幾次失敗的心理陰影，極度擔心再次出現失敗。在這種不良心態的驅使下，他鬼使神差地做出令自己後悔終生的蠢事。他指派手下的人潛入競選對手總部的水門飯店，在對手的辦公室裡安裝了竊聽器。事發之後，他又連連阻止調查，推卸責任，在這次選舉中他雖然獲勝，但不久因水門事件被迫辭職。本來穩操勝券的尼克森，因害怕失敗而導致慘敗。

永不言敗和善於對失敗進行總結，是成功者的基本特徵。有遠見的企業家在選拔人才時，不僅重視一個人過去的成功，同時重視這個人失敗的經歷。哈佛商學院的約翰・考科教授說：「我可以想像得出，在二十年前，董事會在討論一個高階職位的候選人時，有人會說：『這個人三十二歲時就遭受過極大的失敗。』其他人會說：『是的，這不是好兆頭。』但是今天，同一個董事會卻會說：『讓人擔心的是這個人還未曾經歷過失敗。』」可見失敗並非是壞事，因

生存第一，
是這個世界的唯一法則！

為每次失敗，都孕育著成功的萌芽，每次失敗都將使你更靠近成功。

如果我們不曾失敗過，為了成功，我們應該勇敢地去嘗試失敗的滋味。在嘗試時，要告訴自己：我在什麼地方跌倒了，就要在什麼地方爬起來，以後也許還會跌倒，但是不會在原先的這個地方。

狼雖然是一種凶猛的動物，但無論是從形體還是從體格、速度、力量上都不及老虎、獅子、獵豹，但狼卻從不懼怕這些強大的敵人，而是勇於與牠們搏鬥。我們應該像狼那樣，積極樂觀地與一切困難抗爭到底，永不屈服，永不言敗。

第三篇：出奇制勝的破敵狼謀

兵不厭詐，勝利從來都是屬於那些有智慧頭腦的生物。狼族所在的領地就是戰場，捕食、被獵、種群之間的競爭……這一切都促使狼成為出色的「軍事家」。

牠們靈活運用各種戰略，目光敏銳，勇敢頑強，善於計謀，可謂是詭行秘思，智勇雙全。善用謀略，讓狼創下了一個又一個的輝煌。

一第一章一

準備充足，伺機而動

善於把握機會

非洲的馬拉河畔，一群羚羊正在綠草如茵的草地上悠閒地覓食。一隻狼隱藏在不遠處的草叢中，仔細地觀察動靜。狼與羊群之間的距離越來越近，狼還是趴在原地不動。當羚羊到達離自己最近的距離時，狼眼疾手快，隨後跳出草叢，箭一般向羚羊群衝去。牠的眼睛緊緊盯住一隻未成年的羚羊，腳步像飛輪滾動一樣向前移去。

狼在捕食的時候，不僅僅是追趕和狂奔，而是要把握機會。在人生的道路上，也是如此。學會把握機會，這是人生的一大重要課題。時機的珍貴，就在於它稍縱即逝，得來不易；時機的價值，就在於它創造機緣，走向輝煌。

西班牙著名作家塞凡提斯的經典作品《唐吉訶德》中有一句經典台詞：「有關著的門就有開著的門。」那扇為我們敞開著的大門，就是機會。

機會的出現是沒有規律可以遵循的。善於抓住機會的人，處處是機會；輕視機會的人，即使良機來敲門，也會錯過。

以下是一個神話故事：

有一位單身漢希望在有生之年能得到真正的幸福，哪怕只有一次也好。於是他開始日復一日地向神靈祈禱。他的誠意終於感動了天神。

一天晚上，幸福女神敲開了單身漢家的大門，單身漢十分高興，連忙請她入內。可是，美麗的幸福女神卻指著她身後的另一位醜陋的女子說：「還有一位，這是我的妹妹，我們是一起出來旅行的。」

單身漢驚訝地看著這位奇醜無比與幸福女神天壤之別的女子，疑惑地問女神：「她真是你的親妹妹嗎？」

「是呀，她是不幸女神。」

單身漢聽了之後，便說：「請你進屋裡來坐，不過，還是請她先回去。」

「這怎麼行，我們無論走到哪裡，都是連在一起分不開的，我不能單獨留下來！」

幸福女神見單身漢猶猶豫豫，便說：「若有不便，我們只有告辭了。」

最後，單身漢不知所措地望著姊妹兩人飄然而去的背影，錯過了得到幸福的機會。

在做事的時候，我們也難免像這位單身漢，幸福女神前來光顧時不能把握住機會。如果把機會看成是某種資源，我們會發現機會的損耗最大。

客觀事物是不斷發展變化的，伴隨著這個發展過程的機會也是不斷出現，不斷消失的。客觀世界生生不息，機會也永無止境，對機會必須有認識能力，有駕馭能力。別做和機會擦身而過的單身漢。

不讓獵物從眼前溜走

一隻狼正在原野上奔跑，牠已經餓了兩天兩夜。穿越叢林時，牠發現一隻野兔正在覓食，於是在叢林的掩護下悄悄向牠移去。牠突然發動進攻的時候，野兔猛然間發現牠，以閃電般的速度向叢林前的山丘跑去。狼立即追趕，最終擒到了野兔。

狼遇到獵物，牠便立即採取行動。狼遇到每次機會，都要奮力去爭取。因為牠們知道，在競爭激烈的生存環境中，每次機會都是非常難得的。可以肯定地說，任何一個人都想做出一番驚天動地的事業，取得輝煌的成就；但想要實現這個願望，就必須善於發現機會，並且一定要採取行動。

失敗者談論起別人獲得的成功，總會滿腹不平地說：「人家如何如何憑運氣……趕上了好時光……」他們不採取行動，總是期待有一天他們會走運，期待成功降臨在自己頭上，他們認為成功者總是一帆風順的，自己的命運總是一路紅燈。他們除了怨天尤人之外，什麼也不做。

成功者從來不等待，不拖延，更不會等到「有朝一日」再去行動，而是今天就去做：他們忙碌做好一天之後，第二天又接著去做，不斷經歷著努力、失敗，直到取得成功。

想要抓住機會，就必須立即行動。積極行動才能抓住機會。沒有行動就永遠沒有機會，夢想也永遠不會成真。

有一位美國女孩，她從念大學起，就一直夢寐以求想當一名電視台的節目主持人。她覺得自己具有這個方面的才幹，因為每當她和別人相處時，即使陌生人也願意親近她並和她暢談，她知道怎樣掏出別人的心裡話。她的朋友們都稱她是「親密的隨身的精神醫生」，她自己常說：「只要有人願意給我一個上電視台的機會，我相信自己一定能夠成功。」

但是，她為自己的理想做了什麼？其實什麼也沒有做，她空有理想，卻只在等待奇蹟出現，好像當節目主持人是遲早的事情。

她不切實際地等待著，直到生活磨滅了她的所有理想，結果什麼也沒有發生，誰也不會請一個毫無經驗的人去擔任電視節目主持人。而且，節目主管也沒有興趣與時間跑到外面去搜尋天才，向來是別人去找他們。

這個女孩的失敗就在於她在十年當中，一直停留在幻想上，坐等機會，期待時來運轉。守株待兔得來的永遠只有一隻兔子，只有積極地行動，才會獲得成百上千隻兔子。機會不會從天而降，需要自己去爭取，需要自己去創造。

有些人之所以喜歡等待，不外乎有兩種情況：

第一，等待貴人扶持。

第二，等待一切預備妥當。

出門遇貴人，是值得慶幸的事。通常遇貴人是運氣，是偶然的意外，但是有人誤認為那是必然事件。於是，什麼也不做，只等貴人出現，以為靠貴人的提攜，自己就可以不費吹灰之力出人頭地了。

這種等待貴人出現的心態，其實是希望不勞而獲，吃免費的午餐，與守株待兔無異。這種心態也成為他不去努力的藉口，引導著自己越走越遠。

不難發現，在生活中存在著一個真理：積極行動的人不一定會獲得機會，但能夠抓住機會的人一定付出了積極行動。

要記住，不管你成為什麼人或者你是什麼人，如果你發現機會，就要立即行動，只有這樣你才能走向成功。

以下是機會的三個特性：

瞬間性

瞬間性指機會的持續時間極短。機會稍縱即逝的原因有兩個：第一是形勢瞬息萬變。國際上風雲變幻，存在著許多變動的因素：各國相互依賴，全球縮小成地球村；通訊技術發達，資訊傳播迅速；某個國家發生事端，可能一夜之間已經波及全球；金融市場的大起大落，最能反映國際形勢的瞬息萬變。正因為其形勢不斷變化，這一刻鐘造就的機會，那一刻鐘機會可能已消失於無形。第二是競爭激烈。機會只有一個，卻有千萬人競爭。轉瞬之間，機會已經被別人捷足先登，後悔也無用。又因為眾人均害怕坐失良機，進而造成一窩蜂的現象，機會一露面，就會被眼明手快者搶去。

稀缺性

機會的稀缺性，是相對於個別的人來說的。無論機會有多少，不在你掌握之中的，這個機會就不是你的。但要掌握機會，絕對不是易事，原因主要有兩個：第一是由於人本身的限制，令你錯過許多機會，或是性格、心理上的弱點，令你看不見機會，即使看見，卻不願或不敢去爭取；或者是物質條件不足，沒有足夠資源去開發機會。第二是由於機會稍縱即逝，所以難於掌握。形勢變化製造機會，但是也可以扼殺機會。此外，由於競爭激烈，只要你稍一遲疑，機會就被別人搶奪去了，這是客觀環境令機會難於掌握的原因。

由於各種限制，許多人在一生之中，往往只抓住兩次、三次的機會，為他們所用。這就是機會稀缺的原因。

善變性

機會是一條變色龍，它善於偽裝，往往藏在最不引人注意的地方。機會很低調，它來時不會大擂大鼓，通告全天下。機會總是靜悄悄地來到眾人之中，靜待首先發現它的那個人。

有時候，機會幻化成失敗的形象突如其來，把大家嚇壞，弄得大家手足無措。股市、房地產大跌，雖然造就了千載難逢的良機，但同時也嚇破了許多人的膽子。

機會有時像精於化裝術的小丑、害羞的少女、頑皮的小孩、凶悍的惡魔，這就要求人們主動去戳破它的假象，把機會辨認清楚，然後斷然採取果敢的行動，把機會牢牢抓住。

狼道

狼是智慧的化身，在捕捉獵物時從不蠻幹，而是善於把握時機，並且立即行動，最後捕獲獵物。愚者錯失機會，智者善於抓住機會，成功者製造機會。機會只垂青於有準備的人。凡事預則立，不預則廢，只有做好充分的準備，才能更好地把握機會，運用機會。

第二章

多一分瞭解，多一分勝算

透徹瞭解，才能把握勝算

狼也很想當百獸之王，但牠知道自己是狼不是老虎，所以很少攻擊比自己強大的動物，就算不可避免地遭遇這些敵人，狼也會群起而攻之。獸群中的老、幼、病、殘是狼群中的首選目標，因為牠明白這些是比較容易捕獲的。一個人只有透徹瞭解知己知彼時，才能百戰百勝。所謂的「知己知彼」，首先是要「知己」，所謂「知己」也就是要充分地認識到自身的實力，而且對自己有一定的準確定位，明確自身的優點和缺點，既不自高自大，也不妄自菲薄。

在戰爭過程中，只有充分瞭解對方的計畫、動向，才能因地制宜採取措施給予回擊，這樣戰爭才有取勝的可能。如果只是單純的狂妄自大，高估自己的實力，看低對方的實力，最後的結果只有慘敗，所以「知己知彼」向來都是兵家得勝的不二法門。在中途島海戰中，美、日兩軍的不同表現以及最後所得到的不同結果，都深切地說明了這一點。

日本曾經於一九四一年偷襲了美國太平洋艦隊基地珍珠港，那次的偷襲給了美國海軍致命一擊，日本海軍也因此洋洋得意起來，自此他們開始過於相信自己的能力，以為勝利會一直站在他們這邊。美國則正相反，他們吸取了珍珠港失敗的慘痛教訓，懂得了比之前更謹慎、更智慧、更有計謀地對待對手。就這樣美軍的實力在日本的忽視下一天天壯大起來，最終在中途島海戰上被盡情地發揮出來。

本來中途島這一戰，是日本海軍最高決策機構軍令部強烈反對的，但日本聯合艦隊司令長官山本五十六將軍不顧高層反對，於一九四二年四月，下令展開中途島作戰計畫。因為在山本看來，這次戰爭是勝券在握的。

山本這次的目標是美國海軍在珍珠港戰爭中僅剩的三艘航空母艦，他認為經歷了珍珠港事件後，美國人絕對不會善罷甘休，他們一定會看準時機，利用僅剩的這三艘航空母艦實施報復。因此，他要除掉心頭這個「航母之患」，他要憑藉日本的海上優勢，將美國海軍徹底摧毀。所以，他的計畫是：佯攻中途島，引誘美軍航空母艦出動，再將其一舉殲滅。

山本最得意的就是他們的戰略常務密碼，是聞名世界的「D密碼」，這種密碼是將電報中使用的三萬三千三百個單字，各代入五個數字，再加上五萬個數字的亂碼所組成。山本對他們「D密碼」的精確度相當自信，認為它是絕對不會被破譯的。

這次戰爭，美軍方面的負責人是名將切斯特・尼米茲，他面對保密性如此之高的「D密碼」卻沒有驚慌失措，因為他相信密碼再難，也是人發明的，只要熟知它的特徵，有足夠的資料，仍是可以解讀的。

於是，他手下的作戰情報處動用了一百二十名人員組成密碼解讀組，由約瑟夫・羅奇福特中校領導解讀「D密碼」。羅奇福特中校聰明絕頂，他領導的情報人員也都是「工作狂」。他們運用IBM電子裝備，沒日沒夜地工作在珍珠港海軍司令部的地下室裡。最終，他們破譯了日本海軍的「D密碼」，因此到了五月下旬，美軍已經掌握日軍的大量重要情報，包括日期、編制、作戰計畫，所知的詳細程度甚至與日本艦長所知的程度相當。

但是日軍在獲悉美軍的情報方面，卻非常不妙，日軍主力攻擊部隊指揮官南雲中一的「狀況判斷」中寫到，美軍缺乏戰鬥力，也沒有察覺到日軍的攻擊意圖，所以只要日軍出擊，一定勝券在握，只要美軍一出動航空母艦，日軍就可以將其殲滅。

從這我們可以清楚地看到，他對於美軍根本就不瞭解，他根本就不知道，此時此刻美方名將尼米茲將軍正率領他手下那群智勇雙全的將領們為戰爭做著積極的準備。

日軍不僅這次獲悉的情報甚少，就在反情報方面，也做得很不充分，此次的日軍已經完全沒有了當年偷襲珍珠港時的嚴陣以待和謹慎，甚至自己的許多重要情報都成為公開的秘密。在這種鬆散的狀態下，雖未開戰，但結局似乎已定。

果然戰爭一開始，原本打算突襲的日本海軍，反而遭到美軍航空母艦機動部隊的突然攻擊。一戰下來，日軍慘敗，「赤城」、「加賀」、「飛龍」、「蒼龍」四艘航母被擊沉，約有一百名優秀飛行員戰死，損失極其嚴重。美軍在中途島海戰的這個勝利也成為太平洋海戰扭轉局勢的關鍵。

在這場戰爭中，日軍之所以遭到慘敗，就是因為它無論是在獲取對方的「情報」方面，還是不讓對方獲得己方情報的「反情報」方面，都做得很不到位，只是盲目自大，致使軍心渙散，大敗是必然的結果。

美軍對對手和自身都有非常詳細的瞭解，將雙方情況進行認真的分析，並且採取有效的部署策略，在這樣充分「知彼」又「知己」的情況下，才得以重創日本海軍，一雪前恥，扭轉太平洋海戰戰局，也充分向世人揭示「知己知彼」的重要性。

其實，不僅在戰場上作戰需要「知己知彼」，在為人處世上，也需要「知己知彼」。如果你懂得「知彼」，就會發現你比之前更能理解別人了，你能理解別人，別人也更理解你，這樣良性循環，會收穫頗多的；反之，人與人之間如果缺乏瞭解，用自己的反應來判斷別人的反應，就會產生誤會，如此一來矛盾重重，相處也就不那麼愉快了。

重視每個對手

每一匹狼都是優秀的策略家和戰術家，牠們尊重每個對手，而不會輕視牠們，在每次攻擊之前，狼都會去瞭解獵物，觀察並記住獵物許多細微的個性特徵和習慣，所以狼一生的攻擊很少失敗。只有重視對手，才不至於放鬆警惕輕敵。

泰森這個在拳壇舉足輕重的人物，締造了一個又一個的神話，是大家心中永遠的拳王，可泰森再厲害也是人，人都有犯錯的時候，因為觸犯法律，他作為囚犯九二二三三五號鋃鐺入獄，就此度過了三十多個月的鐵窗生活。

雖然泰森消失在公眾的視線裡長達四年多，但人們還是沒有忘記他。一九九五年八月二十五日，這一天是一個值得紀念的日子，因為拳王泰森回來了，回到了那個令他朝思暮想的拳擊台上。在美國拉斯維加斯MGM廣場上，他終於和日夜期盼他的拳迷見面了，所有的拳迷都在期待著他出獄後的第一場比賽將會是一個怎樣的情況。

這一場，泰森的對手是被人們稱之為「颶風」的麥克里尼，此時的麥克里尼又蹦又跳，氣焰十分囂張。因為據他得到的消息稱，經過四年的牢獄生活，泰森已經變得步伐呆滯、反應遲鈍，完全沒有了當年的霸氣。所以，麥克里尼覺得這一戰勝算很大。

但是泰森呢？面對囂張的對手卻一臉平靜，甚至有人評價說當時泰森的表現就猶如一個與世無爭的「白癡」一般，毫無威脅性而言。

比賽一開始，麥克里尼就以迅雷不及掩耳之勢，把泰森打得連連後退，一直退到了台角。所有拳迷的心被揪住了，大家都在疑問，難道泰森真的老了嗎？難道四年後的泰森真的不復往日的雄風了？麥克里尼的拳還在繼續，每一下打在泰森的身上，卻如同打在拳迷們的心裡。可就在大家擔心憂慮的時候，泰森突然敏銳地一轉身，躲過了麥克里尼一記。泰森的這個突然轉變，讓拳迷心裡一驚，難道拳王復活了？

接著，泰森又一記快拳，穩住陣腳，開始還擊，雙方展開了凶猛的對抗攻擊，難分上下，戰局陷入僵持。這時，泰森抓住了一次稍縱即逝的機會，一拳將麥克里尼擊倒在地。

全場瞬間大叫。「泰森還沒有老。」拳迷們大聲地議論著。

很快，麥克里尼又站了起來，比賽繼續進行。但令千萬雙瞪得滾圓的眼睛迷惘的是：重新站起來的麥克里尼與幾秒鐘前判若兩人，這次的麥克里尼連招架之力都沒有了，看來剛才那一拳，實在是不輕，泰森彷彿從剛才揮出的一拳中找回四年前的氣貫長虹之感，接下來的比賽，他越打越有力，每一拳都重重地打在麥克里尼身上。麥克里尼這邊，已經完全沒有鬥志，就這樣僅僅過了三十秒鐘，人們還沒有看清楚是怎麼回事，泰森就以一記凶猛異常的右直拳擊中麥克里尼的左下頜，使得麥克里尼頹然倒在地上。

麥克里尼的教練趕緊跑上拳台，看了看麥克里尼的傷勢，之後他示意裁判結束比賽，然後裁判宣布比賽結束。

泰森就這樣勝了！而且比賽用時僅為一分三十秒！

這簡直太不可思議了，原本計畫這場比賽時要打十個回合的，而如今連一個回合也沒有打完，甚至很多觀眾都還沒有看清楚比賽是如何進行的，比賽就結束了。泰森在熱烈的歡呼聲中，向觀眾們揮手致意，然後退出賽場。

有些專家評論說：麥克里尼身高、臂長，根本不適合採用近台短距離攻擊，失敗原因來自戰術定位錯誤。其實，麥克里尼的失敗不只是戰術定位錯誤，更重要的是心理定位錯誤。

為了這出獄第一戰，泰森及他的經紀人、助手、陪練煞費了一番苦心，當泰森出獄後的第一個對手確定為麥克里尼後，經紀人就把幾乎有關麥克里尼在拳台上與人對陣的全部錄影帶都給泰森看了一遍，讓泰森對麥克里尼的戰術風格及擊拳動作瞭若指掌，並且制定相應的對策。

除此之外，經紀人把泰森恢復訓練的事情完全保密，讓外界對此一無所知，他們還不時散布出一些假情報，說泰森行動遲緩，反應已經大不如從前……

也許麥克里尼不完全相信這些假情報，但這些假情報至少讓他給了自己一個輕鬆的心態，以致低估了泰森的實力，竟想迅速取勝，一鼓作氣擊倒泰森，犯了戰略性錯誤。因此，面對競爭對手時，我們千萬不能輕敵，只有從心理上重視他們，才能取得勝利。

竊取對手機密，才能穩操勝券

間諜的目的就是為了竊取對方情報達到「知己知彼，百戰不殆」的目的。作為一個間諜，主要的目的就是為了知彼，為我所用。以下是女間諜瑪塔・哈莉的事例，她憑藉自己的智謀和細心獲得敵方的情報，進而使對方大敗。

瑪塔・哈莉受雇於德國，是第一次世界大戰中德國最成功的間諜之一，主要負責刺探法國軍情。但是在一戰期間，各國對入境簽證審核都是很嚴格的，法國也不例外，哈莉根本無法入境。哈莉靈機一動，她決定從別國入手進入法國。哈莉曾經是一位紅極一時的舞蹈明星，她利用其美麗的容貌，性感的舞姿很快吸引了荷蘭駐法國領事，這位領事很快為哈莉弄到了簽證，並且將哈莉送到法國。

當時，法國已退役的莫爾根將軍因戰爭需要重新回到了陸軍部擔任要職。此時，莫爾根將軍的老伴剛去世，哈莉在其面前施展全部伎倆，使其神魂顛倒，沒多久老將軍就拜倒在哈莉的石榴裙下。莫爾根迫不及待地邀請哈莉入住他的宅邸，哈莉欣然搬去。從此，哈莉開始了在莫爾根將軍身邊竊取軍事情報的生涯。

聰明的哈莉很快摸清了莫爾根將軍的書房有一個秘密金庫，將軍將所有的機密文件都藏在金庫中。但是秘密金庫的鎖不是用鑰匙能打開的普通鎖，而是需要撥號確認密碼。而密碼只有莫爾根將軍一個人知道，誰也不告訴。哈莉好幾次想試一試運氣，隨便撥了幾個號碼但是都沒有成功，只有試著去尋找密碼。

哈莉知道莫爾根年紀很大了，不可能一直將密碼記在頭腦裡，一定是記在了某個地方，於是哈莉趁莫爾根不在時開始了尋找密碼的工作。哈莉檢查了莫爾根的辦公桌、抽屜、筆記本、手帕均無所獲。而恰在此時德國間諜處又向其發來了新的任務，告訴他莫爾根將軍藏有新式武器的絕密文件，要迅速竊取。於是哈莉開始大力尋找密碼。

對於一個間諜來說聰明睿智是基本的因素，更何況對於像哈莉這樣出色的間諜。一日，哈莉在莫爾根的酒中放入安眠藥，將莫爾根灌醉後悄悄地潛入書房。在金庫門邊哈莉一次又一次地輸入密碼，直到手指酸痛，累得直不起腰來，依然一無所獲。時間就這樣一分一秒地流失了，眼看莫爾根的藥力就要過去了，這時她十分懊惱，直起腰來喘了一口氣。就在她直起腰的瞬間突然注意到了牆上的那個掛鐘，她猛然想到自從她來到這裡，這個掛鐘從未走過。她還建議過將軍把鐘修理一下，將軍也曾隨口答應過，但是卻從來沒有叫人來修。直覺告訴她這個掛鐘一定隱藏了金庫密碼的秘密。

哈莉注視著掛鐘上所指示的時間，九點三十五分十五秒，於是哈莉在密碼盤上輸入了九三五一五五個數字，密碼鎖並未打開。於是，哈莉靈光一閃輸入二一三五一五，果然，伴隨著一個清脆的響聲密碼盤打開了。哈莉順利地從金庫中拿到了自己需要的軍事資料。事實證明，哈莉的這次行動至少使敵國軍隊損失十萬人。

哈莉利用自己的聰明才智，首先利用荷蘭駐法領事，然後成功迷魂莫爾根將軍，最重要的是，她在最後的緊要關頭由掛鐘想到了密碼。「非微妙不能得間之實」，如果不是哈莉平時的細心，恐怕在關鍵時刻也不會取得成功。

百萬年來，狼在捕食的過程中，逐漸懂得了「知己知彼，百戰不殆」的道理。「知己知彼，百戰不殆」，作為一種智慧，一種決策制勝方略，不僅為古今中外的許多軍事家所推崇，也被人們運用到社會生活的各個領域。這個思想對於我們做任何事情來說都很重要，都極具指導意義。

第三章

以逸待勞，養精蓄銳

以逸待勞，成功捕食

暢銷書《狼圖騰》中，有這樣一段描述：

在白天，一匹狼盯上一隻黃羊，先不動牠。一到天黑，黃羊就會找一個背風草厚的地方臥下睡覺。這會兒狼也抓不住牠，黃羊身子睡了，可是牠的鼻子耳朵不睡，稍有動靜，黃羊蹦起來就跑，狼也追不上。一晚上狼就是不動手，趴在不遠的地方死等，等一夜，等到天白了，黃羊憋了一夜尿，狼看準機會就衝上去猛追。黃羊跑起來撒不出尿，跑不了多遠尿泡就顛破了，後腿抽筋，就跑不動了。

你看，黃羊跑得再快，也有跑不快的時候，那些老狼和頭狼，就知道在那一小會兒能抓住黃羊。只有最精的黃羊，才能捨得身子底下焐熱的熱氣，在半夜站起來撒出半泡尿，這就不怕狼追了。額侖的獵人經常起大早去搶讓狼抓著的黃羊，剖開羊肚子，裡面盡是尿。

於是，黃羊就成為狼嘴裡的一頓早餐，這就是狼向我們展示的以逸待勞的道理。「以逸待勞」，是指當敵方氣焰高漲時，為了避開敵人的鋒芒，有力地增強自己的兵力，首先應該主動採取守勢，進行積極防禦的同時，養精蓄銳，有效地控制敵人，巧妙周旋，調動其在預設的戰場上四處奔命，待敵人疲勞混亂、銳氣減退、敵我態勢發生變化時，迅速轉守為攻，乘機出擊取勝。此計強調：想要讓敵方處於困難的境地，不一定只有進攻之法。關鍵在於適時地掌握主動權，伺機而動，以不變應萬變，以靜制動，積極調動敵人，努力牽著敵人的鼻子走，創造決勝機會。所以，此計中的「待」不可理解為消極被動地等待，相反地，它是積極主動的反擊準備。

戰爭是一種「力」的較量，就要運用智慧，削弱、限制敵方的力量，增強己方力量的發揮，才有取勝的把握。「以逸待勞」之計，就是實現「力」進行轉化的有效方法。以我方的嚴整來對待敵人的混亂，以我方的冷靜來對待敵人的惶恐。總之，想盡方法讓敵人長途跋涉，疲於奔命！以自己的從容休整，來對待敵人的精疲力盡；以自己的物資豐盈來對待敵人的彈盡糧絕。這樣，才能戰勝敵人。

在現代商戰中，「以逸待勞」是一種以不變應萬變，以小變應大變的策略。此計有以下幾種含義：首先，為積蓄力量，等待時機。要戰勝對手，自己首先要有充足的力量儲備，而當自己的力量還不足以擊敗對手時，一定不要過早地和對手直接交鋒，而應該積極退守，有效利用時機，擴充力量，使自己由弱變強。總之，時機不成熟時要善於等待時機，可以採取虛於應付、故意拖延等辦法與對手周旋，時機一到，一鼓作氣消滅對手。其次，與對手周旋時要以守為攻。在對手氣勢凶猛時，為了減少自己不必要的犧牲，想盡方法讓對手「活蹦亂跳」，以至於體力疲憊，士氣低落，達到削弱其力量的目的。有時候，防守是為了準備更大的進攻，防守本身就是一種特殊的進攻方式，這時的「不戰」好過於戰。積極主動自守的不戰策略，比打鬥更能消耗對手的力量，消磨對手的士氣。

二十多年前，玫琳凱創立自己的化妝品公司。一直以來，她都秉承讓員工直呼她姓名的習慣，希望公司裡所有的人都能透過互相稱呼名字來增進彼此的感情，營造和善、輕鬆的工作氛圍。玫琳凱還親自招募並訓練每位新員工，並且在每個月舉辦的新員工講習會議上，致上一段簡短卻熱情洋溢的歡迎詞，幫助他們清除緊張感，然後在一種活躍的氣氛下，講述公司的發展歷程。

玫琳凱的理想與其他公司的管理人員略有不同，她希望充實公司每位員工的生活，不僅是在經濟上，更重要的是在情緒和精神上。玫琳凱希望他們都能喜愛自己的工作，同時也歡迎他們隨時向主管提出意見和批評。在短暫的演講中，新員工不斷地稱她為艾施女士，她總是很有耐心地解釋：「請你們叫我玫琳凱。我不要你們當我是公司的董事長，把我當成你們的朋友好了。你們覺得需要我時，記住我的門總是敞開的。」

一個優秀的管理人員，首先必須讓自己融入團隊之中，敞開心扉去接納每位員工，對員工關注和喜愛，才能收到同樣的回報。一位曾經在其他公司任職的員工講述了一次被老闆冷落的經歷：週六早上，當他開車經過經理家門口時，經理正在整理草坪。由於他剛搬到此地，所以很高興看到熟人。他立刻把車開進車道，搖下車窗跟經理打招呼，「你好嗎？」他問經理，「你知道嗎？我們還是鄰居，我就住在兩條街外。」沒等他再說話，經理很不友善地說：「雖然我們是工作關係，但這不表示我們可以像鄰居一樣來往，而且我從不和部屬私下交往，所以請你以後不要再拜訪我了。」這位員工頓時又尷尬又失望，儘管經理在公司和他裝作一副什麼事都沒發生的樣子，但是他已經完全沒有了工作熱忱。

雖然這聽起來讓人難以置信，但是有些管理人員有意採取的「門戶緊閉」的管理哲學確實讓許多員工情緒低落，疲於工作。很多時候，只是簡單地和每位員工都打聲招呼，點頭微笑一下，都可以讓員工精神煥發，無形中增加他們的工作鬥志，對企業有百利而無一害。那些主管和員工不相往來的公司，就如同是一家擠滿了陌生人的百貨公司，誰會為這樣的公司拼盡全力工作？

有一位男士走進美國某公司，他在招待處找了個位置坐下，招待員彬彬有禮地走上前去問道：「先生，我能幫你忙嗎？」「不用了，謝謝！我只是進來換個電池。我整天拜訪各家公司，但遇到的人都不太友善，有時候態度還真是惡劣。但當我走進這裡，每個人都在由衷地笑臉相迎。」他停頓一下，又加了一句：「就好像沐浴在陽光裡，讓人渾身舒暢！」「就有如沐浴在陽光裡」，誰不喜歡這樣？這正是「大門敞開」哲學的最終目的，讓身在其中的每個人都倍感親切。

作為公司的領導者，在員工面前樹立威信，實施最有效的管理方式，是取得最佳經營的重要手段。一說起威信，人們便很快想到一副難以接近、生冷僵硬的形象。事實上，威信不只是建立在嚴厲的管理制度和一絲不苟的執行制度上，它更應該存在於友好、親善的處事行為之中。等級森嚴的管理制度可以幫助公司管理員工，提高生產能力，但是也很容易產生極大的負面影響。想要高效、有力地創造管理及生產效應，就應該做到和員工保持盡可能親密及頻繁的接觸。

玫琳凱的開門政策深得人心，「開門」就是在說：請進來，我在這裡歡迎你。這種方式很好地拉近主管和員工之間的距離，談話也就自然會坦誠得多，便於主管及時瞭解並處理員工的各種問題，避免了許多不必要的麻煩。如果主管與員工關係不和諧，員工的工作熱情自然會明顯降低，直接影響生產進度。玫琳凱深得人性化管理的精髓，抓住了管理成功和商戰取勝的關鍵依賴要素——人，為他們創造了足夠寬鬆的氛圍，以增加員工的工作熱情，為企業的壯大養精蓄銳。一旦時機成熟，玫琳凱的公司便極有可能在激烈的商戰中佔據優勢。與許多公司忽略人性化管理，一味追求業績，短期受益，卻無法長期健康營運相比，玫琳凱可謂以小變應大變，以靜制動，「以逸待勞」，更為高明。

養精蓄銳，脫穎而出

在北美的草原上，野牛是十分凶悍的動物，體重達一千公斤，有一對非常鋒利的雙角，即使面對最富攻擊性的捕食動物，也毫不退縮。但就是這樣凶猛的動物，也會被狼捕食。狼在牛群的四周遊蕩，不是漫無目的，而是盯住獵物。北美野牛察覺到了危險，增強了戒備。但野牛深深知道，體重只有四十公斤的狼根本不是牠的對手，於是放鬆警惕，依然在那裡休憩。狼這時也不著急，靜靜地埋伏在四周，牠知道野牛已經對自己放鬆警惕了。但是狼也深深地明白，強壯的野牛自己根本對付不了，只能捕食那些老弱病殘的。此時，狼繼續靠近牛群將進行攻擊。狼群必須把體弱的野牛隔離出來，漸漸地，牠們包圍了野牛。空氣異常緊張。最終在奔跑中，一頭野牛被狼群捕獲。

狼的計策成功了。先要以守為攻，巧妙周旋，時機一到，方能轉守為攻，在現代社會中，以逸待勞之計，不僅適用於戰場上、商戰中，也是職場中常用的計謀之一。

約翰是一家公司的中層員工，由於平日待人平和、樂於助人，深得老闆的信任和同事的尊重。約翰所在的公司，制度非常完善，競爭相對也比較公平，一到年底，大家就忙著寫工作總結、準備評比計畫，十分熱鬧。約翰一到這時候，就顯得比其他同事悠閒很多，當然這只是表面現象。

去年年底對約翰的同事們來說，有些特別。因為公司決定在年底外調一位高層人員，他的位置將由包括約翰和幾位同事中的一位來接替。由於約翰的幾位同事和他實力相差不多，公司的競爭又相當公平，想要得到這個位置，就要拿出比別人更好的表現，讓老闆注意到你。

於是，競爭對手們千奇百怪的創意和略帶誇張的年終總結與約翰的清閒形成強烈的對比。約翰的朋友們都為他著急，他自己卻不動聲色，讓對手們暗暗欣喜少了一個有實力的競爭對手。很快，大家對約翰的敵意減少了很多，在他面前提起競爭這件事時也少了許多顧慮，而這正是約翰想要的結果。

所謂知己知彼方能百戰百勝，約翰不僅在麻痺對手的同時暗暗做著準備，而且透過對手的「虛構事實」看到有利競爭的突破口。他實事求是地寫了一份年終總結，沒有虛構，更不誇張，因為有太多失實的總結做對比，老闆很快便注意到了約翰的工作報告，並且牢牢地記住他的穩重。約翰也知道老闆比較注重實際的工作成效，就一邊暗暗觀察對手們的動向，一邊把工作安排得更加井然有序，還不失時機地在老闆面前表現出他以工作為重，以大局為重的態度。競爭對手還在極力「美化」自己的工作總結，明爭暗鬥，忽略了正常的工作時，約翰的這招「以靜制動」、「以逸待勞」已經成功地讓老闆將他認定為這個位置的最佳接班人了。

工作中，總有一些關鍵時刻需要靈活地運用一些技巧，不跟風，不蠻幹，抓住對手的弱點，找到取勝的突破口，暗中精心準備，在別人誤以為你止步不前的時候，積極等待時機成熟，這就是「以逸待勞」的智慧。

以靜制動，後發先至

在遼闊的草原上，圍擊、伏擊都是狼經常採用的戰術。而採用這樣的戰術，都要經過漫長而沉默的等待。一旦時機成熟，牠們就會以靜制動，後發先至，也正是這樣，狼才能在各種惡劣的自然環境中頑強地生存。

「靜者心多妙，超然思不群」，沉不住氣的人在冷靜的人面前最容易失敗。一個真正具有狼者風範的人物，不會貪功冒進。

「以靜制動，後發先至」的策略不是強調先下手為強，而是在知曉對方真正動向以後，用「後發先至」的還擊方法。

一九八〇年，蘇軍動用了一千多門大炮，試圖用火力優勢攻下阿富汗。然而，令他們大失所望的是，阿富汗游擊隊沒有被嚇倒，相反地，他們逐步掌握蘇軍的作戰方式及特點：蘇軍每次進行「圍剿」，都是步兵在前面衝擊，炮兵在後面支援，步炮協同作戰，步步逼近。針對這種作戰方法，游擊隊決定迅速切斷敵人步炮聯繫，採用先避開敵人步兵，將炮兵一舉消滅的戰術予以還擊。

很快，阿軍便選定地形險要、怪石嶙峋的潘傑希爾山谷作為伏擊敵人的有利戰地。為有效打擊蘇軍的炮兵，游擊隊在谷地深處部署了少數兵力作為誘餌，以吸引敵人主力，而近百名攜帶爆破武器的游擊隊員則埋伏在谷口兩側的灌木叢中，隨時聽候命令，將敵人主力一舉殲滅。

初冬黎明，自信滿滿、狂妄自大的蘇軍以一個營的兵力，在二十多門大炮的支援下，向谷地撲來。游擊隊的「誘餌」兵力迅速與敵人步兵交鋒，且戰且走，順利將敵人的步兵引向了谷地深處。此時，還在原地射擊的蘇軍炮兵還不知道自己已經遠離了步兵。時機已到，埋伏在谷口兩側的游擊隊員立即發出行動信號，迅速向敵人的炮兵陣地發起了猛烈攻擊。雙方展開了一場激烈的肉搏戰，游擊隊員用大刀、長矛和火槍，將敵人殺了個血肉橫飛，還將一包包烈性炸藥塞進了敵人的炮膛，隨著一連串驚天動地的爆炸聲，蘇軍的大炮一瞬間全都變成廢鐵。等到敵人步兵趕來救援時，在他們面前的已經是一堆堆大炮殘骸和蘇軍士兵的屍體，而阿富汗游擊隊早已經勝利轉移了。

原本處在「弱勢」的阿軍，主動採取守勢，積極防禦，有效地調動蘇軍在對己方有利的戰場上四處奔命，等蘇軍孤立無援、銳氣減退時，迅速轉守為攻，乘機出擊取勝。適時地掌握主動權，伺機而動，以不變應萬變，以靜制動，就可以牽著敵人的鼻子走，創造決勝機會。阿軍的這招「以逸待勞」，成功地變劣勢為優勢，變弱勢為強勢，變被動為主動，絕地反擊，勝券在握。

狼是很靈變的動物，牠們深深懂得養精蓄銳、以逸待勞的道理，這也是牠們無論在多麼惡劣的生存環境中都能生存下去的原因之一。

我們也是如此，也要運用智慧，更好地生存下去。在人生的競爭場合特別是商戰中，當自己處於劣勢時，可採用積極防禦的策略，因勢利導，逐漸消耗對手的力量，使之由強變弱，使自己變被動為主動，這樣不一定要用直接進攻的方法，同樣可以制勝。

一第四章一

布下誘餌，一網打盡

布下天網，十面埋伏

狼群在捕食獵物的時候，一般都是布下天羅地網，然後等待時機，一舉進攻。這樣就讓獵物們草木皆兵，直至精疲力竭後方才大舉進攻，群起而噬；一旦發動最後的猛攻，每一匹狼都凶猛異常。

西元六九〇年，契丹攻佔營州。武則天派曹仁師、張玄遇、李多祚、麻仁節四員大將西征，奪回營州，平定契丹。

契丹先鋒孫萬榮熟讀兵書，頗有計謀。他想到唐軍聲勢浩大，正面交鋒對己不利，便首先在營州製造缺糧的輿論，並故意讓被俘的唐兵逃跑。唐軍統帥曹仁師見一路上逃回的唐兵面黃肌瘦，並從他們那裡得知營州嚴重缺糧，營州城內契丹將士軍心不穩。曹仁師心中大喜，認為契丹不堪一擊，攻佔營州指日可待。

唐軍先頭部隊張玄遇和麻仁節部，都想奪頭功，貪功冒進，向營州火速前進。一路上，從營州逃出的契丹老弱士卒自稱營州城嚴重缺糧，士兵紛紛逃跑，並表示願意歸降唐軍。張、麻二將更加相信營州缺糧、契丹軍心不穩了。於是，他們率部日夜兼程，趕到西峽石谷。只見此處道路狹窄，兩側是懸崖絕壁。依照用兵之法，這裡應該是設埋伏的險地。然而，張、麻二人誤以為契丹士卒早已經餓得不堪一擊了，加上奪取頭功的心理作祟，便強令部隊繼續前進。

唐軍浩浩蕩蕩進入谷中，順利行進。不料，黃昏時分，只聽一聲炮響，絕壁之上瞬間箭如雨下。唐軍人仰馬翻，相互踐踏，死傷無數。只見，孫萬榮親自率領人馬從四面八方撲奔過來。唐軍進退不得，前有伏兵，後有騎兵截殺，不戰自亂。張、麻二人也被契丹軍生擒。孫萬榮利用搜出的唐軍將印，立即寫信報告曹仁師，謊報已經攻克營州，要曹仁師迅速到營州城處置契丹人。

曹仁師早就已經放鬆警惕，接信後，深信不疑，馬上率部奔往營州。大部隊急速前進，也準備穿過西峽石谷，趕往營州。不用說，這支目無敵情的部隊重蹈覆轍，同樣遭到契丹伏兵圍追堵截，全軍覆沒。

此例中，孫萬榮故意放跑被俘的唐兵，並逐步安排契丹老弱殘兵出逃，給張、麻二人造成敵軍潰退無能的錯覺。契丹人誘敵深入，最終一舉將敵軍殲滅。

買一贈一，一網打盡

在經營活動中，我們也可以在很多方面都採用利而誘之的計策，遂一網打盡，大大獲利。如企業在商品推銷活動中投入廣告費用、產品開發活動中投入科研費用和試生產費用，招攬人才過程中出示的福利待遇，無不收到很好的效果。

美國康乃狄克州有一家叫奧茲摩比的汽車廠，它的生意曾長期不振，工廠一度面臨倒閉。該廠的總裁對經營和生產策略進行反思，總結出了企業經營失敗的原因：推銷方式不靈活。於是，他對競爭者及其他商品的推銷術進行認真的比對，最後設計出了一種大膽的推銷方式，「買一贈一」。

買一送一的做法，由來已久了，但一般的做法是免費贈送一些小額的商品，如買電視機，送一個小玩具；買錄影機，送一盒錄影帶……而這種對顧客施加一點小恩惠的推銷方式，確實能產生很大的促銷作用。

奧茲摩比的現狀是：因為積壓了一批轎車未能及時脫手，工廠資金不能回籠，倉租利息負擔極其沉重。針對該情況，總裁決定破釜沉舟，在全國主要報刊登一則特別廣告：買一輛托羅納多牌轎車，就可以免費獲得一輛「南方」牌轎車。

奧茲摩比汽車廠以買一輛轎車贈送一輛轎車的獨特方式，一鳴驚人，讓許多對廣告熟視無睹的人刮目相看，相互傳告。許多被廣告吸引的人，不辭遠途來看個究竟，該廠的經銷部一下子門庭若市。過去無人問津的積壓轎車以兩萬一千五百美元一輛的價格被人買走，該廠也一一兑現在廣告中所承諾的，免費贈送一輛嶄新的「南方」牌轎車。如果買主不想要贈送的轎車，還可以獲得四千美元的折扣。

奧茲摩比汽車廠妙用「拋磚引玉」這一招，雖然每輛轎車少收入五千美元，卻順利地將積壓的車一售而空。該廠的總裁深知，這些車如果積壓一年賣不出去，每車損失的利息和倉租、保養費也接近這個數了。而現在，不僅「托羅納多」牌轎車名聲四揚，提高了知名度，增加了市場佔有率，同時也帶出了一個新牌子——「南方」牌。這種低階轎車開始以「贈品」的名義出現，隨著贈送多了，慢慢地也有了名氣。這樣，奧茲摩比汽車廠一舉兩得，真正起死回生了，生意也從此走上繁榮興盛的道路。

奧茲摩比用「南方」牌汽車這塊「磚」換來了壓倉車的熱銷，解決了經營難題的同時，還收到意想不到的效果，讓「南方」牌汽車這塊「磚」也受到消費者關注，從此名氣大增，同時熱賣兩款車型，稱得上將「拋磚引玉」之計用到了極致！

狼群在捕食獵物的時候，一般都是布下天羅地網，然後等待時機，一舉進攻。牠們有時還布下誘餌，引誘獵物。這就是狼的智慧，也是我們要學習的地方。

一第五章一

欲擒故縱，先放後收

捕食獵物，欲擒故縱

狼在捕捉獵物時，非常講究策略。想要捕捉某種獵物，狼通常先放縱牠，牠放鬆警惕，對自己的行為不加約束，甚至有些狂妄的時候，再看準時機下手，殺個措手不及。這就是我們經常說的欲擒故縱。

欲擒故縱中，「擒」是行事的目的，「縱」是方法。古人有「窮寇莫追」的說法，事實上，不是主張不追，而是要巧妙地追。如果方式不對，把「窮寇」逼得狗急跳牆，垂死掙扎，導致己方損兵失地，就不划算了。

因此，欲擒故縱不是真正的縱，而是暫時放一放。但歸根到底是要擒的，而且「放」是為了徹底降服，只是這個「擒」不能花費過高的代價。怎樣才能做到少花代價，就是想盡方法讓敵人不能反抗，無力反抗，或根本就不想反抗。敵人不加反抗而降服，善莫大焉。這正是「欲擒故縱」的要義。

戰場上，以少勝多、以弱勝強的戰爭時有發生。拿破崙曾經利用「欲擒故縱」的謀略，偽裝自己進攻的真實意圖，在敵人信以為真並放鬆警惕的情況下迅速佔據有利地勢，巧妙部署兵力，最終完成絕地反擊。

一八〇五年八月，英國與俄、奧、瑞典、丹麥、西西里王國結成第三次反法聯盟，決定用五十萬聯軍兵力打敗法國。

奧、俄聯軍首先採取軍事行動。當時，拿破崙放棄了原來的渡海攻英計畫，轉而向萊茵河前線調軍，把矛頭直指突進到多瑙河上游的奧軍。十月，法軍首戰告捷，烏爾姆守軍被迫投降，奧軍損失兵力約三萬人。最後，連剛到前線的俄軍也在無奈之下與敗退的奧軍一起撤退回營。

十一月，法軍在攻佔奧都維也納後，繼續北進追敵。月底，俄國的增援部隊抵達摩拉維亞。俄、奧聯軍兵力達到八・七萬餘人，俄、奧兩國的首領親自到軍中視察，聯軍便在奧爾米茨地區安營紮寨，準備迎戰。

此時，尾隨追敵的法軍只有四萬人，而且據情報證實，卡爾大公已經率領奧軍主力從義大利戰場出發，火速支援聯軍。普軍也由西北開來，企圖從後方襲擊法軍。形勢對孤軍奮戰的法軍極為不利。

拿破崙在獲得敵方援軍匯合並佔領陣地的情報後，立即決定用「欲擒故縱」的計謀對付聯軍。他命令抵達布呂恩地區的法軍立刻停止追擊，並趕在奧軍主力會師之前盡快攻破敵軍。為此，他抓緊時間，火速調動兵力，前線陣營迅速增至七萬三千人，駐紮在布呂恩以東丘陵地段。同時，為了誘敵主動進攻，速戰速決，拿破崙大肆向外散布法軍兵力薄弱的假消息，並假意與聯軍進行談判，致使俄、奧聯軍對法軍的作戰企圖估計失誤。

十一月二十七日，聯軍按照原計畫兵分五路向布呂恩以東地區開進，企圖從南面迂迴法軍。拿破崙為了誘使聯軍加速進攻，故意命令前沿部隊放棄極其利於防守的普拉岑高地，向後撤退，以便乘聯軍活動之際，攻擊聯軍的側後方。十二月二日，聯軍到達奧斯特里茲以後，見法軍從普拉岑高地撤退，果真誤以為拿破崙懼戰逃跑。於是倉促發起進攻，落入了拿破崙設計的圈套。

其實，聯軍當時的臨戰部署是：以一部分兵力牽制住法軍左翼，即普拉岑高地及其以北地域；以主力進攻法軍右翼，切斷法軍通往維也納的退路，最後將其聚殲於布呂恩東南地區。而這正中了拿破崙的下懷。針對這個態勢，拿破崙只派出約一萬人的兵力阻擊聯軍主力，而將主力六萬餘人都集中在了中央和左翼，迅速形成局部的兵力優勢，全力抵制聯軍的臨時部署。

早上七時，聯軍展開猛烈攻勢，法軍玩命抵抗。儘管稍有後退，但法軍最終成功地頂住了聯軍的進攻。九時剛過，聯軍左翼進攻便開始受挫。亞歷山大突然繞過統帥庫圖佐夫，急調據守普拉岑高地的部隊前往左翼加強兵力。於是，拿破崙抓住時機，揮軍搶佔高地，戰局隨之改變。聯軍為重新奪回普拉岑高地連續發動了四次衝擊，都被法軍擊退。隨後，法軍成功完成中央突破，將聯軍切成兩段，而後從普拉岑高地向聯軍主力側後方猛擊，將其逼到了湖泊沼澤地帶。最後，聯軍主力除極少數一部分經正面突圍逃到布呂恩方向外，大部分被困在了剛結冰的湖面上，在法軍的炮火猛攻下或葬身湖底，或繳械投降。與此同時，左翼法軍也在頑強苦戰之後擊退了聯軍右翼部隊，並且將其追趕到了奧斯特里茲。

在這次會戰中，聯軍共損失兩萬六千人，其中被俘人數一萬五千。俄、奧兩國首領僥倖脫逃，但統帥庫圖佐夫卻受傷不輕。法軍傷亡只有一萬餘人。會戰一結束，奧皇立即向法軍求和，與法國簽訂《普雷斯堡和約》。俄軍隨後撤離奧境，第三次反法聯盟宣告解體。

法軍之所以能夠取勝，主要是拿破崙指揮有方，使用「欲擒故縱」的策略，巧妙偽裝，快速行動，做出正確的作戰部署，讓聯軍陷入自己的圈套，動彈不得，損失慘重。最終，法軍以少勝多，成功反擊。

戰國時期，魏王派西門豹出任做鄴（今河北臨漳縣）令。西門豹到了鄴縣，看到那裡人煙稀少，滿目荒涼，便四處打聽是怎麼回事。

一位白鬍子老大爺說：「都是河伯鬧的。河伯是漳河的神，每年都要娶一位年輕貌美的姑娘。要是不給他送去，漳河就要發洪水，把田地、村莊全淹了。」

西門豹問：「這句話是誰說的？」

老大爺說：「巫婆說的。地方的官吏每年還藉著給河伯辦喜事，逼迫老百姓出錢。他們每年收幾百萬，用幾十萬辦喜事，剩下的就跟巫婆分了。」

西門豹問：「新娘都是從哪裡找來的？」

老大爺說：「哪家的閨女年輕，又長得漂亮，巫婆就帶人到哪家去搶。有錢的人家花一點銀子就躲過去了，沒錢的人家就倒大楣了。到了河伯娶媳婦的那天，他們在漳河邊上放一張葦席，把姑娘打扮一番，讓她坐在葦席上，就放到河裡順水漂走了。葦席剛開始還在水上飄著，過了一會兒就沉下去了。苦啊，有閨女的人家都跑到外地去了，這裡的人口越來越少，地方也越來越窮了。」

西門豹接著問：「河伯要是娶了媳婦，是不是漳河就不會發大水了？」

老大爺說：「還是發。巫婆說幸虧每年給河伯送媳婦，要不發水的次數還得多。」

西門豹說：「巫婆這麼說，說明河伯還是靈啊！下一回他娶媳婦，麻煩你告訴我一聲，我也去送送新娘。」

轉眼到了河伯娶媳婦那天，河岸上站滿了人。西門豹真的帶著衛士來了。看到守令大人都來了，巫婆和地方的官吏非常驚喜，急忙迎接。那巫婆已經七十多歲了，背後還跟著十來個打扮妖豔的女徒弟。

西門豹提議：「把新娘領來讓我看看長得俊不俊。」一會兒，姑娘來了。西門豹一看女孩子滿臉淚水，轉身對巫婆說：「不行，這個姑娘不漂亮，麻煩巫婆到河裡跟河伯說一聲，另外選個漂亮的，過幾天再送去。」說完，便叫衛士抱起巫婆，扔進了漳河。過了一會兒，西門豹故意驚訝地說：「巫婆怎麼還不回來？讓她徒弟去催一催吧！」又把巫婆的一個徒弟投進了河裡。不一會兒，另一個徒弟也被投進河裡。最後，西門豹假裝不耐煩地說：「看來女人辦不了這件事，還是得麻煩地方上的管事人去給河伯說一說！」說著，又叫衛士把管事的也扔進漳河。這些地方上的管事人，一個個嚇得面如土色，連忙跪地求饒，頭都磕破了。西門豹說：「好吧，再等一會兒看看。」最後，西門豹說：「起來吧！看樣子是河伯把她們留下了。你們都回去吧！」

老百姓終於恍然大悟，原來這都是巫婆和地方的官吏聯合起來害人騙錢的。從此以後，誰也不敢再提給河伯娶媳婦的事了。西門豹發動老百姓開鑿了十二條大渠，把漳河水引到田裡灌溉莊稼，漳河兩岸年年大豐收。

西門豹的智慧就在於不去和巫婆、百姓爭論河伯有無之事，因為這樣反而事倍功半，不能得到百姓的理解。他巧妙地順著大家的思路，欲擒故縱，既然所有的人都認為有河伯其神，就讓巫婆自己去和河伯打交道，進而一舉揭穿巫婆與官吏的把戲，根除禍患。

捨不得孩子，套不著狼

在動物界中，狼不是最強大的動物，但是牠卻可以打敗比牠強的對手，這就是因為牠懂得運用一些能夠置敵人於死地的計策。牠遇到的對手非常強大時，就會用以退為進、欲擒故縱的計策打敗對手，牠們懂得想要戰勝強大的敵人就要先迷惑對方，懂得使用一些招數讓敵人消耗一定的能量，進而達到克敵制勝的目的。

在商場競爭中，一個經營者如果不懂得以退為進、欲擒故縱的謀略，該停止的時候不停止，就會讓對手發現彼此競爭中的蛛絲馬跡，在盲目前進中碰壁；反之，你經營的產品出現市場疲軟，難以銷售的時候，你與競爭對手在實力對比上相差懸殊，難以戰勝對手的時候，不妨採用退一步的策略，以退求進，定能比盲目冒進取得更大的成效。欲擒故縱是現代商戰爭霸中的重要謀略。

中國古人作戰，深知欲擒故縱的意義，成語「窮寇莫追」就說明了這一點。大意是說，把敵人逼急了，它就會集中全力，拼命反撲，與你拼個魚死網破、兩敗俱傷。因此，不如採取欲擒故縱的方法，暫時放鬆一步，使敵人喪失警惕，鬥志鬆懈，然後再伺機而動，殲滅敵人。諸葛亮七擒孟獲，就是軍事史上一個「欲擒故縱」的絕妙戰例。

蜀漢建立之後，定下北伐大計。當時西南夷酋長孟獲率十萬大軍侵犯蜀國。諸葛亮為了解決北伐的後顧之憂，決定親自率兵先平孟獲。蜀軍主力到達瀘水（今金沙江）附近，誘敵出戰，事先在山谷中埋下伏兵，孟獲被誘入伏擊圈內，兵敗被擒。

按說，擒拿敵軍主帥的目的已經達到，敵軍一時也不會有很強的戰鬥力了，趁勝追擊，自可大破敵軍。但是諸葛亮考慮到孟獲在西南夷中威望很高，影響很大，如果讓他心悅誠服，主動請降，就能使南方真正穩定，否則南方夷各個部落仍不會停止侵擾，後方難以安定。

諸葛亮決定對孟獲採取「攻心」戰，斷然釋放孟獲。孟獲表示下次定能擊敗你，諸葛亮笑而不答。孟獲回營，拖走所有船隻，據守瀘水南岸，阻止蜀軍渡河。諸葛亮乘敵不備，從敵人不設防的下游偷渡過河，並襲擊了孟獲的糧倉。孟獲暴怒，要嚴懲將士，激起將士的反抗，於是相約投降，趁孟獲不備，將孟獲綁赴蜀營。諸葛亮見孟獲仍不服，再次釋放。以後孟獲又施了許多計策，都被諸葛亮識破，四次被擒，四次被釋放。最後一次，諸葛亮火燒孟獲的藤甲兵，第七次生擒孟獲。終於感動了孟獲，他真誠地感謝諸葛亮七次不殺之恩，誓不再反。從此，蜀國西南安定，諸葛亮才得以舉兵北伐。

諸葛亮七擒七縱孟獲，絕非感情用事，他的最終目的是在政治上利用孟獲的影響，穩住南方，在地盤上，乘機擴大疆土。在軍事謀略上，有「變」、「常」兩字。釋放敵人主帥，不屬常例。通常情況下，抓住了敵人不可輕易放掉，以免後患。而諸葛亮審時度勢，採用攻心之計，七擒七縱，主動權操在自己的手上，最後終於達到目的。

戰爭如此，商業競爭也是如此。有些競爭者急功近利，為了眼前利益，可以不擇手段。但急功只能近小利，經商做生意必須立足現在，放眼未來，放長線釣大魚。有時候欲先取之，必先失之，欲擒故縱，這是商戰中必勝之道。

美國鋼鐵公司是一九〇一年由三家鋼鐵企業合併而成的巨型企業。一九五〇年代，該公司是世界上最大的鋼鐵公司。到了六〇年代，日本鋼鐵公司佔了上風，奪走了美國鋼鐵公司在世界鋼鐵界的魁首地位，美國鋼鐵公司屈居第二位。

大衛・羅德里克出任美國鋼鐵公司董事長後，為了從困境中擺脫出來，他採取以退為進的策略：首先縮小公司的規模，然後再謀求新的發展。從一九八〇年開始，羅德里克總共關閉了一百五十座工廠，減少了三〇%的煉鋼生產能力，淘汰了五四%的員工，裁減了十萬工人。與此同時，他出售了公司的大片林地、水泥廠、煤礦和建築材料供應廠等資產，獲得將近二十億美元的活動資金。隨後，羅德里克與公司有關人員一起，對美國幾家企業進行研究，最後以五十億美元的價格收購了一家石油公司。雖然石油公司與鋼鐵公司的性質完全不同，但是羅德里克此舉的目的一是想擴大公司的業務範圍，二是為公司拓展新的發展道路，以防不測。

果然，當西方鋼鐵業最不景氣的風暴襲擊美國時，美國鋼鐵公司不僅沒有受到一些鋼鐵企業紛紛破產倒閉浪潮的波及，而且，由於公司開闢了石油業務，在面臨困難環境的大背景下，公司還得到發展。一九八五年一季度的營業額達四十五億美元，僅石油及天然氣的營業額就有二十五億美元，從中獲利三億美元，美國鋼鐵公司又開始重振當年的雄風。

欲擒故縱的謀略要求，以表面或暫時的虧損或損失來換取實質上的盈利或佔有未來的市場。一個有作為的經商者，應該有戰略眼光，為了賺取更多的利潤，實施欲擒故縱的謀略，以便盡快地達到更高的目標。

企業採取各種手段迷惑和「愚弄」競爭對手，使競爭對手麻痺大意，放鬆防備心理，此時企業趁機出擊，取得競爭勝利的機率非常大。

一九六〇年代初，美國的哈瑞爾公司開發了一種噴霧式清新劑「處方四〇九」，迅速佔領市場，成為暢銷貨。這時，財大氣粗、同行敬畏三分的波克特甘寶家庭用品公司發現「處方四〇九」有賺頭，準備推出新試製的同類產品「新奇」競爭。

哈瑞爾公司得到情報後，採取欲擒故縱戰術，通知各地的連鎖店停止銷售「處方四〇九」，完全撤出市場。這樣給顧客帶來不便，抱怨不已。這時「新奇」上市了，那些因為買不到「處方四〇九」而煩惱的顧客抱持應急的態度試試看，第一批「新奇」被搶購一空，還供不應求！

波克特甘寶公司被眼前的幻象迷住了，決定大批量生產「新奇」。哈瑞爾公司認為時機已到，決定反擊。於是所有「處方四〇九」經銷店都貼了醒目的廣告「特價優惠出售」大包裝的「處方四〇九」。因為包裝大而且價格低廉，顧客一搶而空，足夠他們用半年，也就是說哈瑞爾公司搶先壟斷了半年市場，結果「新奇」購買者寥寥無幾，貨積如山，最終退出了消費市場。

商界中著名的可樂之戰亦是如此。

一九八五年一月，可口可樂誕生一百週年前夕，可口可樂公司突然宣布改變沿用九十九年的老配方。新配方的可口可樂上市後引起市場軒然大波，遭到消費者示威抗議，公司每天收到抗議電話一千五百多次，還有無數抗議信件。

這一下可樂壞了百事可樂的老闆，認為這是對手最大的失敗。為了表示百事可樂公司的勝利，公司決定員工放假一天，幾十年處於劣勢的百事可樂，這次決定東山再起。他們精心做了一個三十秒鐘的電視廣告：一個妙齡女郎對消費者說：「誰能告訴我，可口可樂為什麼改變配方嗎？」然後打開一瓶百事可樂，喝一口說：「嗯，我明白了。」

正當百事可樂公司樂不可支時，可口可樂公司突然宣布：為了尊重老顧客的意見，決定恢復老配方可口可樂的生產，改名為「古典可口可樂」。同時考慮消費者的新需要，新配方繼續生產。消息傳出，老顧客飲老牌可樂，新顧客喝新可樂，銷售量上升了八％，又一次戰勝了競爭對手。

現在企業應該學會欲擒故縱的辦法來穩固企業在市場中的地位。在商戰中，「欲擒故縱」是一種攻心術，多用於商業談判。在談判中，商家要「縱」敵，必須把握對方的心理，才能使其不失控於己。很多商家運用此計，從談判對手那裡取利。

十九世紀末，美國就曾經用此計取得巴拿馬運河的修建權。

當時，法國一家公司和哥倫比亞簽訂一項合約：在哥倫比亞的巴拿馬省（當時尚未獨立）

開鑿一條連通大西洋和太平洋的運河。主持這項工程的總工程師是因開鑿蘇伊士運河而聞名世界的法國人雷賽布。憑著過去的成功經驗，他認為完成這項任務不在話下。但工程一開始就遇到了麻煩，工程進展緩慢，公司資金短缺。為此，法國公司打算賣掉運河公司——這是專門為修建運河而成立的公司。

美國方面得知這個情況後很高興，決定購買運河公司，拿到巴拿馬運河的修建權。其實美國當初就有開鑿巴拿馬運河的意圖，只因法國下手太快而作罷。法國公司代理人布里略訪問了美國，提出要賣運河公司，開價一億美元。儘管美國早就對運河公司有興趣，但表面上顯得不熱情。美國海峽運河委員會還提出一份調查報告，證明在尼加拉瓜開運河更省錢。布里略一看報告十分著急：如果美國不在巴拿馬開運河，法國不是一分錢也收不回來了嗎？於是他馬上表示，法國願意降價出售，只要四千萬美元就行。結果，美國以這個價格買下了運河公司，一下子就節省了六千萬美元。

買下公司後，美國方面再次以在尼加拉瓜開運河為要脅，要求以低廉的價格「租借」巴拿馬運河。果然，哥倫比亞政府也擔心美國人不建運河給自己造成損失，馬上指使其駐美大使和美國政府簽訂一項協定：同意以一千萬美元的代價把運河兩岸各四•八公里的地區長期租給美國，美國每年另付給哥倫比亞十萬美元。這項「租借」協議後來給美國帶來巨大的經濟利益。

由於把握了對方的心理，在談判中敢於欲擒故縱，形退實進，明棄暗奪，美國從法、哥兩國身上撈足了好處。

現代企業的競爭如同軍事戰爭，雖然不見刀光劍影，但是也令人驚心動魄。企業家如同軍事戰略家，必須有勇有謀，才能克敵制勝。企業經營者的決策每走錯一步，都可能被擠出競爭的行列，導致企業的衰敗，甚至破產倒閉。所以，現代企業家應該審時度勢，立足現實，預測未來，運籌決策，出奇制勝，這樣才能使企業在激烈的競爭中，立於不敗之地，不斷發展，永續長存。要做到這樣，必須以科學的態度，認真地研究商場競爭的謀略。

競爭是實力和智慧的較量。越是高層次的領導者，越要靠智慧取勝。面臨強敵，環伺國內外商場無情的競爭，經營者為了企業的生存和發展，就要施謀用智，在有限的條件下，發展出獨特的企業戰術。

卡內基如何「縱」名「擒」利？

「欲擒故縱」是一種放長線釣大魚的計謀。胸無長策良謀，沒有能擒敵的絕對把握和實力，是容易失敗的。只有大智大勇者才可靈活運用，並且最終取得成功。

一八六〇年代，美國議會通過了建設橫貫美國東西的大陸鐵路議案，並且將此工程交由聯合太平洋公司承建。

安德魯·卡內基聞訊以後，立刻四處奔走，希望獲得鐵路臥車的承建權。在奔走活動中他發現，競爭對手中實力最強的是歷史悠久，規模很大的普爾曼公司，當時它的銷售網絡已經遍布全美國。

卡內基雖然堅信自己拼盡全力可以獲得鐵路臥車的承建權，但是他深知，透過和普爾曼公司的激烈競爭，獲得的利潤也會大大減少。不競爭，承建權就很可能拱手讓給了對方。怎樣才能既獲得承建權，又不至於讓利潤大幅度下降？卡內基為此大傷腦筋。

後來，卡內基瞭解到，普爾曼公司除了極力追求利潤以外，對名氣和品牌也非常重視。是否可以抓住這一點做文章？卡內基一拍腦袋，辦法來了。

一天，卡內基在該公司老闆普爾曼下榻的飯店開了一個房間。一次在飯店的樓梯上，卡內基遇到了一位精力充沛且十分機敏的人。他敏銳地意識到，這應該就是他的競爭對手普爾曼。於是禮貌地問候：「你就是普爾曼先生吧？我是卡內基，你也住在這裡嗎？」

「是的，你就是卡內基先生？」

「是的。普爾曼先生，開誠布公地講，我們完全沒有必要進行這種無謂的競爭，這樣對誰都不會有多大的好處。」

「是這樣嗎？卡內基先生。」普爾曼的回答顯然只是出於禮貌，對於卡內基的建議卻不以為然。

「我們之間不論誰透過競爭得到承建權，最後能獲得的利潤都絕對比不上我們透過合作得到承建權的利潤多。」卡內基不理會普爾曼傲慢的態度，繼續一口氣將自己的觀點說完。然後，客氣地補充一句：「當然，你應該比我更明白這一點。」

「有一定的道理。不過，你覺得該採用什麼樣的合作方式？」普爾曼陷入沉思。

「聯手成立一家新公司，然後以新公司出面向太平洋公司提起承建投標。」「可是，新公司要用什麼名字？」普爾曼流露出對這個問題的關切。「不出我所料，你果真上當了。」卡內基不由心生歡喜，表面卻仍不動聲色地說：「普爾曼豪華客車公司，你看好嗎？」

「行！」普爾曼不禁喜上眉梢。很快，普爾曼沒有了一絲警戒心。以後的事便順理成章，雙方合作順利，新成立的普爾曼豪華客車公司最終獲得大陸鐵路臥車的承建權。

卡內基巧妙地放棄擴大自己名聲的機會，讓競爭對手放鬆戒備，進而在「擒」得了部分承建權後順利地「擒」得了大量的利潤。沒有當初的「縱」，就不會有如此完美的「擒」。

欲擒故縱是狼捕獵食物慣用的手段之一，牠們把捕獲到獵物作為最終的目的，在捕食的過程中，牠們習慣於製造煙幕，讓對手放鬆警惕，達到擒獲的目的。「縱」不是放虎歸山，目的在於讓敵人鬥志逐漸喪失，體力和物力逐漸消耗，最後己方尋找機會，一戰將敵人消滅。

一第六章一

巧布疑陣，騙殺獵物

以假亂真，瞞天過海

一個屠戶晚上回家，擔子裡的肉賣完了，只有剩下的骨頭，途中遇到兩隻狼，緊跟著走了很遠。

屠戶很害怕，把骨頭扔給狼。一隻狼得到骨頭停住了，另一隻狼仍然跟從。再把骨頭扔給狼，後面的狼停住，可是前面的狼又跟上來。骨頭已經扔完了，可是兩隻狼像原來一樣，一起追趕。

屠戶處境非常危急，擔心前後都受到狼的攻擊，往旁邊看田野有一個打麥場，場主在麥場中堆積柴草，覆蓋成小山似的。屠戶於是跑過去，倚靠在柴草堆下面，卸下擔子，拿起屠刀，狼不敢上前，瞪眼朝著屠戶。

一會兒，一隻狼徑直走開，其中的另一隻狼像狗似的蹲坐在前面。過了一會兒，眼睛好像閉上了，神情悠閒得很。屠戶突然跳起，用刀劈狼的腦袋，又幾刀殺死了牠。正要趕路，回頭看柴草堆後面，另一隻狼在柴草堆中打洞，想要從柴草堆中打洞進入來攻擊屠戶的身後。大半個身子已經進去了，只露出屁股和尾巴。屠戶從後面砍斷狼的兩條大腿，也殺死了牠。這才明白前面的狼假裝睡覺，原來是用來誘騙敵人的。

狼是很聰明的動物，懂得用假寐來誘騙敵人，使用的就是瞞天過海的戰術。「瞞天過海」的「瞞」並非此計的最終訴求，只是達成「過海」目的所用的必要手段。「瞞天過海」的引申意是用方法、計謀隱蔽真實的目的和意圖，製造公開的假象，使對方失去警戒之心。寓言於明，寓真於假，避開麻煩，度過難關，進而達到出其不意、出奇制勝的效果。

在戰爭中，「瞞天過海」是一種示假隱真的疑兵之計。它意在利用人們常見不疑的心理狀態進行戰役偽裝，隱藏軍隊的集結和進攻企圖，進而把握時機，實現預期結果。

一九四三年，盟軍決定以最快的速度從北非進入納粹德國控制的歐洲。因此，他們計畫在歐洲南部的西西里島登陸，然後迅速席捲整個義大利。但是令盟軍困擾的是，希特勒在歐洲南部駐有重兵，一旦他們在登陸之際就遭到希特勒軍隊的強火力壓制，損失將會難以預料。於是，英國情報部門精心設計了一個代號為「餡餅行動」的瞞天過海之計，用來分散納粹在歐洲南部的兵力部署。在此次行動中，被選中實施任務的人是時年二十九歲的、「六翼天使」號潛艇的艇長朱奧。

四月三十日凌晨四時三十分，行動開始。朱奧和他的手下將在西班牙卡迪斯海灣逡巡許久的「六翼天使」號浮出水面，並且把一個神秘的金屬箱投入海中，同時將金屬箱上的鎖悄悄打開。據朱奧稱，這是一個先進的氣象設施，根據上級指示需要放入海中進行氣象觀測。真實情況是，金屬箱裡裝的正是這次「餡餅行動」的重要角色「餡兒」：英國皇家海軍軍官「馬丁少校」的屍體和他使用過的一個公事包。公事包裡有兩張劇院演出的戲票票根，一封來自「未婚妻」的熱辣辣的情書，幾張戰略地圖。這其中還有一件更為重要的物品——皇家海軍統帥蒙巴頓將軍致陸軍元帥蒙哥馬利的信函。信中提到，盟軍計畫不久從義大利西部的薩丁島和希臘南部登陸歐洲。事實上，這一切都是英國情報部門設計來迷惑納粹德國的：金屬箱裡的皇家海軍軍官只是太平間裡隨便搞到的一具屍體，而非馬丁少校本人。盟軍計畫登陸的地點，也不是薩丁島和希臘南部，而是義大利南部的西西里島！

一切皆如英國情報部門所料，「馬丁少校」的屍體被大海的潮汐沖到了西班牙海岸。西班牙漁民發現以後，立即報告給了政府。很快，倫敦的報紙就發出了英國皇家海軍少校馬丁在一次空難事故中不幸罹難的訃告。幾天後，西班牙政府把「馬丁少校」的公事包完好無損地交還給英國軍方，並且在西班牙海濱小鎮韋瓦爾為馬丁舉行一次隆重的葬禮。但因為當時西班牙實際上已經完全被納粹德國控制，在將公事包歸還英國之前，他們複製了蒙巴頓將軍致蒙哥馬利元帥的信，並秘密交給德國。

因為蒙巴頓和蒙哥馬利這兩個人物的關鍵身分，希特勒一收到情報就吞下英國人送來的整個「誘餌」。他堅信，盟軍真的要從薩丁島和南希臘登陸了！於是，按照希特勒的指示，德軍總指揮部下令加緊修築科西嘉島，並增派兩個黨衛軍旅前往薩丁島駐防。德軍大將「沙漠之狐」隆美爾也被派到雅典督查希臘的防禦計畫。更為致命的是，希特勒不顧當時的庫爾斯克戰正處在最緊張的時刻，緊急下令兩個裝甲師撤出蘇聯戰場調防希臘。此次錯誤地相信盟軍會在薩丁島和南希臘登陸，使得納粹軍隊在義大利南部的防禦陷入空虛。

一切已經無法挽回，一九四三年七月十日，英軍發起了代號為「愛斯基摩人」的作戰行動，最終於八月十日成功佔領西西里島全境。德軍共損失十艘潛艇、七百四十架飛機，另有八千人喪生，一萬三千五百人受傷，五千五百人被俘。

至此，英國情報部門的「餡餅行動」完美實施！用虛假的資訊騙過敵人，將敵人引到錯誤的進攻方向上，為盟軍的正面行動爭取到十分有利的時機。對盟軍來說，在此次戰役累積的寶貴的登陸戰略經驗，使他們後來在諾曼地登陸的成功產生不可或缺的作用。

應用到商場，可以達到進退自如、左右逢源的境界。然而，以假示真不意味著商家可以拿假冒偽劣商品欺騙消費者，而是提醒商家，可以在戰略部署和策略上多做文章，擠掉別人，搶佔商機。

光天化日造假象

商場上，有時候為了達到自己的目的，商家經常要借助一些欺騙的手段，製造一些虛假的現象，來騙取對方的信任，來賺取更大的利益，瞞天過海就是其中用得最多的方法。瞞天過海本指光天化日之下，故意一而再、再而三地用偽裝的手段迷惑、欺騙對方，使對方放鬆戒備，然後突然行動，進而達到取勝的目的。

歷史上，一些軍事將領非常善於利用這個計謀來打敗敵方，贏得戰爭的勝利。

三國末年，蜀吳勢衰，魏國越來越強大。隨著蜀國五虎將相繼逝去，丞相諸葛亮操勞而終，一時之間，蜀中無大將的局面使得原本在三國中就很弱小的蜀更顯得捉襟見肘。於是，魏國在發動兼併戰爭時的第一個犧牲品也就是蜀。

魏派鍾會、鄧艾為主將，衛瓘為監軍與兵伐蜀。面對魏軍強大的攻勢，蜀簡直沒有招架之力，很快，劉蜀敗亡，蜀中落入曹魏之手。鍾會和鄧艾因此立下大功。但是兩個人互相猜忌，都認為對方有搶功之嫌。最後，鍾會向曹魏朝廷告發鄧艾有佔據蜀中自立為王的野心。鍾會的謀士也勸他趁這個機會，扳倒鄧艾，殺掉衛瓘，就可以安心地獨佔蜀中，成就一番亂世英雄的霸業。早就看鄧艾很不順眼的鍾會，不禁心中蠢蠢欲動，開始緊鑼密鼓地籌備反叛。

鍾會盤算他如果向朝廷揭發，朝廷勢必會暗中命令監軍衛瓘進行調查。只要衛瓘殺了鄧艾，他就可以再給衛瓘羅織罪名，直接除掉這個強大的對手。鍾會知道衛瓘已經接到朝廷密令，就跑來見衛瓘，話語中旁敲側擊告訴衛瓘：鄧艾謀反早是事實，如果衛瓘一味偏袒，就是對司馬大將軍的不忠，理應和反賊同罪。這時，剛才還對朝廷密令用意十分疑惑的衛瓘立即明白了這一切只是鍾會設下的局。對眼前局勢心知肚明的衛瓘，雖然知道這時擒殺鄧艾只會於己不利，但是如果立刻拒絕鍾會的要求，肯定會遭毒手。畢竟山高皇帝遠，自己眼下只是一個沒有太多兵權的監軍，如果沒有朝廷的指令，自己在這裡什麼都做不了。倒不如先答應下來捉拿鄧艾，只要不引起鄧艾手下將士的懷疑，要比拒絕鍾會更安全。只要能活著回到京師，就還有機會向司馬大將軍告發鍾會的各種劣行。於是，衛瓘表面上對鍾會唯唯諾諾，表示會服從朝廷的命令，還和鍾會約定第二天一早就捉拿鄧艾父子，希望鍾會出兵協助。鍾會以為衛瓘不明就裡已經上鉤，不禁心裡大喜。他連連應承，一面命人加強對衛瓘的監視，一面調動手下準備將鄧艾一黨一網打盡。

第二天凌晨，衛瓘以司馬大將軍手諭號令全軍，說鄧艾謀反，凡懸崖勒馬站在官軍一邊的，就可以加官晉爵；要是執迷不悟仍要和鄧艾為伍者，就與鄧艾同罪，誅三族。這樣，鄧艾的將士紛紛離開鄧艾的軍營，與衛瓘合兵一處。而鄧艾父子還在睡夢中就稀裡糊塗地被抓了起來。鍾會見鄧艾父子已經被囚禁，就緊接著將他不信任的將領也全部關押起來，把兵權集中在自己手裡。然後，他利刃相加，威逼衛瓘下手殺了鄧艾父子和那些不聽話的將領。衛瓘知道，鍾會是鐵了心要舉旗造反了，於是他一面假意應承，藉口這幾天為鄧艾的事情操勞過度，身體很差，實在需要休養幾天，等他身體稍好立即著手辦理，一面想辦法通知那些尚有實權的將軍們鍾會即將造反的實情。

但是，鍾會對衛瓘監視嚴密，衛瓘根本沒機會通知那些將軍。為了放鬆鍾會的警惕，衛瓘大喝鹽水，吐得昏天黑地，他本來身體就虛弱，這樣一來，更是精神渙散，就像突發大病一樣。鍾會雖然疑心衛瓘只是在拖延時間，可是他派去的親信和醫生都認為衛瓘確實是身體不適，沒發現絲毫的破綻。鍾會終於相信衛瓘果然是病勢嚴重了，就不那麼顧忌衛瓘，更加肆無忌憚。

衛瓘一見時機成熟，立刻聯絡諸軍，告知鍾會謀反的消息，要求各軍將領於次日清晨發兵圍攻鍾會。就這樣，鍾會還在為自己即將成為蜀中之王沾沾自喜之時，就被衛瓘帶兵剿滅了。

衛瓘能夠在鍾會的威脅下全身而退，繼而抓準時機將其一舉殲滅，得益於他謀略和智慧的靈活運用。面對早已經謀劃在心、殺機畢露的對手，他審時度勢，隨機而變，首先要做到的是思慮周詳，保全自己，然後盡可能推延和對手過招的時間，轉移對手的注意力，製造假象迷惑對手，爭取到想出應對之策的時間，找出對手的疏漏，一擊成功，徹底變被動為主動。

瞞天過海，以假亂真，也是精明商人所慣常使用的一種手段。在推銷商品中，生意人也常以偽裝或隱蔽的手法，製造假象，引誘顧客進入設置好的圈套，進而達到推銷商品的目的。

日本有一家專門生產尿布的公司，開張之初，公司花費了大量精力去宣傳產品的優點，但問津者依然寥寥無幾，該公司經理多川博先生冥思苦想，終於想了一個「鬼點子」。

他派自己的人裝成顧客，在門市前排成長隊，進而造成一種搶購商品的氣氛，誘發了顧客的好奇心：「這裡在賣什麼？」結果購買者越來越多。隨著產品的不斷銷售，人們逐漸認識到了該公司尿布的優越性，尿布的銷路迅速打開。多川博先生在這裡運用的是一種「瞞天過海」之計。

他讓自己的人偽裝成顧客，排隊去購買公司的產品，進而造成一種假象。此為「瞞天」。顧客在這種假象的蒙蔽下，誘發了好奇心和購買欲，進而也去排長隊，購尿布，使多川博先生達到了「過海」的目的。

廣告也是這個計策的直接或間接的運用。做廣告的一個秘訣就是巧妙地誇大其辭，借助一些特殊事件和人物來渲染產品的功能和用途，產生轟動效應，擴大產品的知名度和影響力，使產品深入消費者的心中，謀取消費者的信任，進而提高產品的銷量。

黛安娜曾經是英國的王妃。她的容貌和儀態楚楚動人，使絕大多數英國人為之仰慕傾倒。一九八一年，黛安娜與查爾斯王子舉行婚禮，更成為英國和世界的新聞。這時，倫敦有一家瀕臨倒閉的珠寶店老闆，認為抓住公眾對盛典的專注心理，導演一齣絕妙的廣告劇，必定能擺脫危境，大發奇財。他千方百計地找到酷似黛安娜的模特兒，對她從服飾、髮型到神態、氣質做了煞費苦心的模仿訓練。

一天傍晚，這家珠寶店突然張燈結綵，老闆衣冠楚楚在台階上恭候嘉賓。不一會兒，一輛高級轎車在門前戛然而止，黛安娜緩緩地從小車裡走了出來，她嫣然一笑，親切地向行人點頭致意。人們見此情景便蜂擁而上，爭先恐後地想一睹王妃的風采，久久不願離去。有的少年還大膽擠上前去吻了她的手。路邊的警察急忙過來維持秩序，防止圍觀者影響王妃的正常活動。

老闆笑容可掬，感謝王妃光臨本店，隨即引王妃向櫃檯走去。售貨員拿出項鍊、鑽石、耳環、胸針等最貴重的首飾任其挑選。黛安娜面露喜色，愛不釋手，連聲稱好……

預先早有安排的電視錄影機將此情景一一攝入鏡頭，第二天便在電視台廣為播放。雖然自始至終沒有一句解說詞，更沒有誘導廣告，但珠寶店名、地址卻是相當醒目的。這家珠寶店立即轟動了整個倫敦，那些好趕時髦的年輕人，那些「愛屋及烏」的黛安娜迷們，立即蜂擁而來，珠寶店立刻門前車水馬龍，人們競相搶購黛安娜王妃所讚賞的首飾。老闆滿面春風，親臨櫃檯，應接不暇，僅幾天的營業額就超過開業以來的總營業額，而且生意一天更比一天好。

老闆採用瞞天過海的方法，把珠寶店強行「嫁接」到黛安娜身上，藉此來騙取消費者的好感和信任，進而賺取了大筆利潤，獲得巨大的成功。

瞞天過海，假戲真做，看似平凡，卻是玄機奇謀之所在。在商戰中，採用瞞天過海的戰術，可以巧妙地利用對手的思維錯誤和認知上的盲點，以假隱真，以假亂真，以達到出其不意的目的。

狼在捕食獵物的時候，經常使用瞞天過海這個計策。在現實中運用這個計策時，或將不可告人的政治目的藏匿於公之於眾的政治主張中，或將具有實際意義的外交行動遮蔽於華麗的外交辭令裡面，或透過繁瑣的工作實現人生的遠大抱負。

第七章

避實擊虛，調虎離山

攻擊對手的薄弱環節

馴鹿是比狼強大幾倍的動物，但狼同樣把馴鹿作為自己捕食的目標。牠們捕食馴鹿有自己的辦法，不是見強就去攻擊，而是避實擊虛，攻擊對手的薄弱環節。當馴鹿群衝過來的時候，狼群迅速避開了強大對手的攻擊。但當這些大馴鹿衝出去後，頭狼立即率眾狼又封住缺口。此刻狼群一起包圍住一些老、弱、病、殘的馴鹿。然後再次猛撲上去，最後將牠們吃掉。

狼的這一招就是避實擊虛。「避實」表現在對馴鹿的防禦上。馴鹿群猛衝過來的時候，狼迅速躲開了。「擊虛」表現在對老、弱、病、殘的馴鹿的進攻上。正如《孫子兵法》中所講的，在戰爭中要避開敵人的主力，攻擊其薄弱環節，「夫兵形象水，水之形避高而趨下，兵之形避實而擊虛。水因地而制流，兵因敵而制用。」

對這個問題講得最透徹的是《管子・制分》中的一段精闢論述：「凡用兵者，攻堅則韌，乘瑕則神。攻堅，則瑕者堅；乘瑕，則堅者瑕。」堅，是指對手的「實」處，強處，優勢所在。瑕，是白玉上的斑點，比喻缺陷，這裡是指對手的「虛」處，弱處，劣勢所在。乘，是進攻的意思。瑕者，是指弱者。堅者，是指強者。這段話的意思是說：在競爭中，攻擊對手的強處，則對手就十分頑強，難以取勝；攻擊對手的薄弱環節，對手就被輕易戰勝。

對抗一個比你強大的力量時，最好的方法就是迂迴。迂迴的意思是不做正面衝突，選擇對手的薄弱環節，從側翼進行攻擊，以增加行動的突然性、有效性。在商業競爭中，可以用自己的「堅」去攻擊對手的「瑕」，這樣的競爭謀略，才有取勝的可能，才有可能實現「柔弱勝剛強」的願望。

三洋公司成立於一九五〇年四月，此時的日本家電市場上，松下、日立、索尼等名牌早已牢牢佔據了市場。而三洋公司則算家電行業的小弟了。如何才能在激烈的市場中站穩腳步？這成為三洋公司發展的大問題。

一九五〇年代初，三洋決定生產洗衣機這個項目。怎麼才能讓洗衣機一推出就迅速佔領市場？為此，總經理辦公室裡到處擺放著各種各樣的洗衣機。總經理井植歲男每天都抱著一大堆髒衣服，像著了迷似地開動著各種不同型號的洗衣機洗衣服。井植歲男這樣做的目的就是想找競爭對手的「瑕」。當時，日本市場出售的洗衣機，均為在一個洗滌槽中透過幾片攪拌翼的來回轉動來進行洗滌。這種方式不僅去汙性能差，且雜訊大，水珠飛濺。找到對手的「瑕」後，三洋公司決定生產渦輪噴流式洗衣機。這種洗衣機是透過機內渦輪旋轉產生的強烈的渦卷狀水流來清洗衣物上的汙垢。也就是說，攪拌式是「揉擠」，而噴流式是「漂洗」。顯然，後者的去汙力和其他性能都比前者好。

一九五三年八月二十六日，三洋生產出SW-53型洗衣機，這種洗衣機整體性能大大優於攪拌式洗衣機，又具有佔地面積小、洗滌時間短、省電、省水等明顯的優點，而市場零售價格只有兩萬八千五百日圓，比攪拌式洗衣機的售價低了一半。因此，它在日本市場上一亮相，就引起不小轟動。至一九五四年四月，其銷量已超過一萬台，這在當時日本家電製造行業是首屈一指了。三洋的競爭謀略贏得了成功，弱者戰勝了強者。

三洋公司就打算用渦輪噴流式這個「堅」，去攻對手攪拌式之「瑕」，以贏得競爭，讓三洋後來居上。

善用調虎離山之計

在深夜裡，狼群為了捕到羊，經常先在離羊群相對較遠的地方嗥叫，這樣一來，那些牧羊犬就會朝著狼群嗥叫的方向跑去。狼群依靠數量的優勢，在很短的時間內就會把這些牧羊犬咬死；與此同時，另一群狼已向羊群衝去，在沒有牧羊犬看護的情況下，對羊群隨意捕殺。

這就是狼使用的調虎離山之計。調虎離山，意即把老虎誘出深山外。將老虎誘出深山外做什麼？是為了便於捕殺。古人云：山高林深，必有猛虎出沒。山林是虎的巢穴，虎踞山林之中，當然更有威勢。想要在山林中與虎相鬥，勢必難以取勝，而如果可以將其誘出，使其離開巢穴，變優勢為劣勢，要一擊成功，就容易多了。

「調虎離山」用在軍事上，是一種調動敵人的謀略，它的關鍵是「調」。如果敵方佔據了有利地勢，且實力雄厚，防範嚴密，此時，我方不可硬攻。正確的方法是設計相誘，將敵人引出堅固的據點，或將其誘入對我方有利的地區，予以殲滅。

一七五七年，是普魯士在「七年戰爭」中處境最艱難、局勢最不明朗的一年。普魯士軍隊被來自四面八方近四十萬敵軍圍攻：在西面，戴艾斯提斯元帥率領的十萬法軍以及蘇比茲元帥率領的三萬法軍，正向柏林逼近；在東面，八萬俄軍已深入東普魯士境內，打通了通向柏林的道路；在北面，瑞典一萬七千人的軍隊已經開始從波美拉尼亞登陸；在南面，由道恩元帥指揮的十萬奧軍，正大舉向北挺進。此時，普魯士幾乎陷於絕境。

面對危機，普魯士國王腓德烈大帝沒有惶恐。在對不利的局勢進行全面分析之後，他決定在敵軍還未實現最後的合圍之前，爭取時間先將敵軍中最弱小的一支力量殲滅，然後再相機行動。於是，他先命令貝芬公爵率領四萬餘人前去牽制道恩元帥的奧軍，然後以十萬金幣的價格收買了接替戴艾斯提斯擔任法軍指揮的李希留公爵，讓其十萬法軍按兵不動。最後，腓德烈大帝親自率領普軍精銳主力與蘇比茲決戰。

狡猾的蘇比茲為了迴避與普軍決戰，連連向後撤退，導致敵軍的包圍圈逐漸縮小。為了爭取時間，並且有效改善局勢，腓德烈大帝率領總數為兩萬兩千人的普軍，一路尾隨蘇比茲軍，尋找戰機。

蘇比茲卻一退再退，最後撤進了布勞恩斯多夫堅固的營地內。敵人的新營異常堅固，腓德烈覺得強攻難以奏效，便主動退至羅斯巴赫，製造撤軍的假象，誘使蘇比茲離開他的營地。

蘇比茲的部下，本來就因為疲勞之苦和驕狂之氣對蘇比茲的撤退極為不滿，現在，腓德烈不戰而退，讓他們更加相信普軍是虛弱而不堪一擊的。於是，將領們紛紛向蘇比茲建議，應該迅速進攻來結束戰爭。蘇比茲在將領們的強烈督促下，第二天便開始一路進攻。腓德烈大帝的「退卻行動」，不僅讓蘇比茲最終下了會戰的決心，還誘使他走出來，放棄了堅固的陣地，失去有利的優勢。

在羅斯巴赫，腓德烈布下了新型的口袋陣。以炮兵陣地居中，以騎兵和步兵為左、右兩翼，東西長而縱深淺，攻勢十足。它的左、右兩翼如同巨蟹的兩支長鉗，可以隨時伸展出去打擊敵軍的兩個側翼；而中央的炮兵陣地，如同巨蟹大張的血口，朝著正面而來的聯軍，噴射出密集的炮火。狂妄的法軍本以為普軍會擺出一個防禦陣形，他們做夢都沒有想到，等待他們的是一隻張著血口的「巨蟹」。

一七五七年十一月五日下午三時三十分，最後一名敵軍踏進自己布下的迷陣時，腓德烈下達了攻擊的命令。只見三十八個中隊四千名精銳騎兵，伴著地動山搖的呼喊，以鋪天蓋地的威勢撲向法軍縱隊的右翼。法軍縱隊立即亂作一團，隊形很快被炮火轟散。隨後，普軍的七支步兵營在炮火掩護下，直插法軍的左翼，向法軍投射出猛烈的炮火。法軍頓時大亂，人仰馬翻，自相踐踏。

經過近三個小時的混戰，法軍官兵的屍體漫山遍野，落荒而逃的散兵四處逃命。普軍最終以五百餘人的傷亡，斃傷敵軍七千七百餘人，擒獲俘虜五千餘人，繳獲大炮六十七門。更重要的是，這場勝利使得普魯士攻破了聯軍的包圍戰略，解除了來自法軍的四面威脅，重新喚起了普魯士人民的民族自豪感。

腓德烈大帝之所以能取得勝利，在於他能將正確的戰略和出色的戰術緊密結合。在敵強我弱、四面臨敵的不利條件下，他運用了一條正確的戰術：集中優勢兵力，攻擊敵人的薄弱環節；在決戰場上，他又巧妙地採用「調虎離山」的戰略，成功地將敵人引入了自己的口袋陣。

「虎」在職場中是很多的，比如同事中的競爭對手、思想狹隘的主管，這些是我們事業發展的絆腳石。所以，我們要運用獨特的思想理念和容易做出成績的錦囊妙計，使用「調虎離山」之計，把我們的絆腳石搬開，在得到上級認可與支持的同時，做出成績。

在職場中，如果你的才能過於明顯，有可能取代你的主管，主管就會抱持「潛龍勿用」的態度，讓你在工作中受到壓制，你的事業就會受到限制。這時，你只要巧妙地運用一下「調虎離山」之計，越級表現，你的才能就很有可能被你主管的主管發現，命運也將從此改變。

同類競爭取勝，擊中差異這個處

銷售需要創新，不僅要進行產品上的革新，銷售方法上要創新，銷售思路也要隨之變化，不斷出新，只有這樣，才能在銷售中立於不敗之地。

推銷不僅僅限於要把產品推銷給需要它的人，推銷的最高境界是：即使客戶擁有無數個同類的東西，只要你能夠找出與同類東西的差異，以情動人，以誠待人，使客戶產生購買意願。你應該盡量讓客戶覺得，即使他已經有了這個東西，但仍需要購買。

「把冰賣給愛斯基摩人」的故事，大家一定都聽說過，雖然這種事情在現實生活中有點不現實，但其中的銷售策略和思路值得每個銷售人員借鑑。

銷售人員：「你好！愛斯基摩人。我叫湯姆・霍普金斯，在北極冰公司工作。我想向你介紹一下北極冰給你和你的家人帶來的許多益處。」

愛斯基摩人：「這可真有趣。我聽到過很多關於你們公司的好產品，但冰在我們這裡可不稀罕，它用不著花錢，到處都是，我們甚至就住在這東西裡面。」

銷售人員：「是的，先生。注重生活品質是很多人對我們公司感興趣的原因之一，看得出來你就是一個很注重生活品質的人。你我都明白價格與品質總是相連的，能解釋一下為什麼你目前使用的冰不花錢嗎？」

愛斯基摩人：「很簡單，因為這裡遍地都是。」

銷售人員：「你說得非常正確。你使用的冰就在周圍。日日夜夜，無人看管，是這樣嗎？」

愛斯基摩人：「噢，是的。這種冰太多了。」

銷售人員：「先生，現在冰上有我們，你和我，你看那邊還有正在冰上清除魚內臟的鄰居們，北極熊正在冰面上重重地踩踏。還有，你看見企鵝沿水邊留下的髒物嗎？請你想一想，設想一下好嗎？」

愛斯基摩人：「我寧願不去想它。」

銷售人員：「也許這就是為什麼這裡的冰不用花錢……能否說是經濟划算？」

愛斯基摩人：「對不起，我突然感覺不舒服。」

銷售人員：「我明白。給你家人飲料中放入這種無人保護的冰塊，如果你想感覺舒服，必須先進行消毒，如何去消毒？」

愛斯基摩人：「煮沸吧，我想。」

銷售人員：「是的，先生。煮過以後你又能剩下什麼？」

愛斯基摩人：「水。」

銷售人員：「這樣你是在浪費自己的時間。說到時間，假如你願意在我這份協議上簽上你的名字，今天晚上你的家人就能享受到最愛喝的，既乾淨又衛生的北極冰塊飲料。噢，對了，我很想知道你的那些清除魚內臟的鄰居，你以為他是否也樂意享受北極冰帶來的好處？」

愛斯基摩人整日與冰為伴，想要再把冰賣給他們，似乎難以想像成功率有多大。一些銷售人員也許會有這種想法。但這位銷售人員卻成功地將冰賣給了愛斯基摩人，其實只用了最常見卻最有效的推銷方法：在同類產品中尋求差異，實現創新銷售。

如何讓你的產品在同類商品市場上佔據優勢，可以運用以下技巧和方法：

分析競爭對手與自己產品的共同點和差異

企業之間的競爭往往在商品和服務層面展開。企業最關心的就是對手的競爭商品，知道它，你才能知道你的商品到底比別人好在哪裡。利於在推銷時將競爭商品與自己所推銷商品的優缺點進行比較，增強說服力。

銷售人員對競爭對手的分析包括以下幾個方面。

市場：區域銷售人員可以瞭解區域市場的文化、習慣，把握該區域市場的市場規模、潛量、通路特點、消費者需求特點等。

商品：瞭解競爭對手的商品品質、關鍵的技術水準、包裝和規格。

價格：瞭解競爭對手的商品價格及定價的原因。

數量：瞭解競爭對手的商品在當地鋪貨率和市場佔有率、生動化展示及大致銷量。

業務：在當地市場運作常用的促銷手法、行銷活動、政策力度等；競爭商品在媒體廣告投入的種類、分布、頻段和力度等。

服務：瞭解競爭對手對客戶的服務水準和程度。

銷售通路：瞭解競爭對手的銷售通路、網絡、代理商的水準和能力，批發價、零售價及各級通路利潤空間的大小等。競爭對手對通路掌控能力達到了哪一層級，是找代理商銷售，還是掌控了終端？有無分支機構？定期拜訪的客戶到哪一層級……

人的因素：瞭解競爭對手銷售人員的素質及發展地區業務的思路和常用方法，包括競爭對手銷售代表的性格、特點、優點及缺點等。銷售人員可以透過市場調查，還可以查看對手網站，以及從其客戶那裡獲取有價值的資訊。對競爭對手的分析包括全國的及本地的。這類競爭對手的資訊都可以使銷售人員知己知彼，揚長避短，提高競爭的意識和能力。

從差異和弱點中發現機會

從客戶的角度評價這些對手的優勢和劣勢，主要是掌握對手商品和銷售中有哪些弱的地方，商品品質和價格弱勢在哪裡，對手在銷售中的弱點有哪些，售後服務和發展情況方面的問題。對手的優勢是否是你的劣勢？對手的劣勢是否是你的優勢？你是否有能力擊敗你的對手？對此要心中有數，在爭奪客戶時，就能得心應手。

試著發現你的商品與競爭對手的差異，發現什麼是競爭對手不能提供而你能做到的，也就是努力發現一個存在的市場，只有你能滿足這個市場的需求，而他人做不到。這就是你最大的生意機會。

銷售人員推銷商品時，面對客戶不可以直接批評競爭對手，應該這樣比較：第一，點出自己商品的三大特色。第二，舉出我方最大的優點。第三，舉出對手最弱的缺點。第四，與價格貴的商品做比較。

對競爭對手分析，一定要找到客戶購買的關鍵按鈕，也就是對客戶最重要的價值觀。瞭解競爭對手的弱點，你不僅可以在銷售商品時有機會勝出，還可以大規模地在市場上排擠對手。

遇到強敵的時候，狼就會採用調虎離山的策略，轉移強敵的注意力，達到避實擊虛捕獲弱小獵物的目的。如果「不戰而全勝」是你的戰略目標，「避實擊虛」就是達到這個目標的關鍵，你可以透過這個策略來削弱對手的力量，集中你的資源來攻擊打敗競爭對手。

一第八章一

出其不意，出奇制勝

聲東擊西，採用迂迴戰略

聲東擊西是狼在捕食經常用的計謀之一。狼捕食雞的時候，先是對近在眼前的雞視而不見，然後親密地與牠的「朋友狗」會合；但在離開狗後，又以迅雷不及掩耳之勢咬住了公雞，叼著獵物迅速撤離。「聲東擊西」之計一般用在己方處於進攻態勢的情況下。「聲東」旨在虛晃一槍，所擊之「西」才是主攻目標。因此，此計的重點在於對我方的企圖和行動絕對保密，製造假象、佯動誤敵來偽裝己方的攻擊方向，轉移敵人的目標，使其疏於防範，讓「西」成為敵方的不備或不及之地，然後乘其不備，發動突然進攻，一舉擊敗敵人，出奇制勝。

一九五〇年九月，朝鮮戰爭進入關鍵時期。韓國軍隊和部分美國軍隊被朝鮮人民軍困在釜山周圍。針對如何解除圍困並實施反攻這個問題，以美國為首的聯合國軍總部達成一致意見：一方面繼續固守釜山防禦圈，另一方面從人民軍後方實施登陸。但對於此次登陸的最佳地點，各國卻分歧嚴重。聯合國軍司令麥克阿瑟主張在朝鮮半島腰部的仁川港登陸，進而收復漢城，順勢阻斷恪守釜山的人民軍的後勤供應。美國海軍則認為，登陸點應選在朝鮮南部與釜山遙相呼應的群山港，以盡快緩解釜山的緊張形勢。

起初，對於麥克阿瑟提出的仁川登陸作戰方案，華盛頓的軍事首腦、美遠東軍總參謀部高級將領，以致美國海軍方面都持反對意見。他們認為：首先，仁川距離朝鮮的釜山戰場過遠，這樣即使登陸成功，也不能形成南北合圍，還很可能導致兵力分散，被對方抓住機會，逐個擊破。其次，仁川的地形和水文條件都不適合登陸作戰。仁川港潮水漲落的平均差高達六・三公尺，最高時還可達九公尺。因此漲潮和退潮時，潮水對海港的水道「飛魚海峽」的衝擊速度可達到每小時九十六公里。而且從地形上看，飛魚海峽既狹窄又彎曲，容易被對方的火炮和水雷封鎖，加上海岸又是長期沖積形成的軟泥灘，將對登陸造成極大的不利。除此之外，受潮汐的水文限制，登陸艦船只能選在大潮高漲時節的黃昏時分接近仁川港岸，而大潮時節只有九月十五日、十月十一日和十一月二、三日，極其不利於對聯合國軍的登陸時間實施隱蔽。而且，十月以後的上陸海灘和黃海因受強烈的季風影響，會給航渡和上陸作戰帶來很大困難，登陸時間最終只能定在九月十五日。經推算，九月十五日的大潮漲落期是十六時十九分到十九時十九分(日落時間為十八時四十分)，由於潮差過大，物資器材必須在兩小時內全部上陸，否則艦艇就會被擱淺在被敵方火力網控制的泥沼之中。同樣讓人頭疼的還有仁川港入口處海拔一百零五公尺的月尾島，該島防禦設施堅固，要保障仁川成功登陸，需要對該島進行長時間的火力攻擊。於是，在決策會議上，人們紛紛要求「取消困難的仁川登陸，轉為安全的群山登陸」。

麥克阿瑟卻堅持勸說大家：「諸位對不能實施仁川登陸所列舉的重重阻礙，反而正是我們可以取得奇襲效果的理由。正因為敵方的司令官不會料到我們採取如此魯莽的作戰方式，我們才能趁勢出擊，出其不意地取得成功。」一番討論過後，仁川登陸計畫終於被確定下來。行動開始後，為了隱蔽仁川登陸點，美軍採取許多迷惑朝軍的手段。先是透過各種報刊和廣播，公開散布美軍登陸作戰的一些情報，暗示美軍將在十月以後登陸朝鮮人民軍的後方，並故意透露登陸點可能在仁川。美軍企圖用「十月以後」的假情報掩蓋九月十五日這個真實的登陸時間，並且用「登陸點可能在仁川」的真情報，讓朝鮮軍認為實際登陸點絕非在仁川。登陸前，美軍對朝鮮東海岸的三陟和西海岸的鎮南浦、達陽島實施全面的火力準備。為了造成主要登陸點選在東海岸的假象，九月十三日晨(仁川登陸前兩天)，美國「密蘇里」號戰艦在數艘驅逐艦的掩護下，突然出現在朝鮮東海岸的三陟海面，並且對海岸上各主要目標進行強火力襲擊。與此同時，英國輕型航空母艦「海倫娜」號和美國巡洋艦「凱旋」號成功佔領平壤外港鎮南浦和清川江口的達陽島，在群山港佯裝登陸。

經過嚴密部署和充分準備，美軍未遇到任何強有力的抵抗，便迅速佔領仁川，將漢城攻克。隨後，登陸部隊北上攻佔平壤和元山，造成戰勢急轉直下，讓朝鮮人民軍蒙受了極為慘重的損失。

美軍的這一計「聲東擊西」，很好地掩蓋了自己的真實意圖，並順利誤導敵軍將注意力集中在錯誤的登陸點，成功突圍並反攻，可謂主動出擊、出奇制勝。

在企業競爭中巧妙地使用「聲東擊西」，大造輿論，故布疑陣，是有力打敗對手、拓展產品銷路、佔領市場的有效手段。SB公司先後採取的兩種造勢策略，讓他們成功地蒙蔽了民眾和合作夥伴，利用輿論的力量，為自己的產品贏得了廣闊的發展空間。

十年前，日本SB咖哩粉公司一度產品滯銷，入不敷出，瀕臨破產。新上任的總裁為此寢食難安，他絞盡腦汁，終於想到一種特殊的製造輿論的辦法，幫助公司起死回生。當時，日本的私車價格昂貴，一般家庭都無力承擔，因此許多人持有駕駛執照卻沒有車。新總裁瞭解到這個情況後，果斷決定利用這一點來為公司擴大名聲。幾天後，他在幾家報紙上同時刊登了一條廣告：「徵求有照無車者。本公司出租咖哩色小轎車，租期一年，收費低廉。」這則廣告很快吸引了眾多有照無車的年輕人。僅僅幾天時間，東京街頭便隨處可見咖哩色的小轎車。每當人們看到這種小車時，都會不由自主地說：「這些車是SB公司出租的。」小小的咖哩色轎車，為ＳＢ公司做了極為有效的活廣告，讓ＳＢ公司名聲大振，知名度迅速提高，咖哩粉的銷量自然而然也就增加了，ＳＢ公司從此擺脫了困境。

第二年，為了進一步擴大公司的影響力，ＳＢ公司又拋出新的一招：他們在日本幾家最大的報紙上同時刊出巨幅廣告，聲稱將租用幾架直升機，將公司的咖哩粉撒到白雪皚皚的富士山頂，讓富士山變了顏色。「天哪！白色的富士山頂將一去不復存在！以後人們看到的會是黃頂的富士山啦！」廣告一經刊出，全國民眾立刻譁然，富士山是日本的象徵，怎麼可以隨便玷汙！人們紛紛提出批評，甚至開始對ＳＢ公司進行猛烈的抨擊。在一片譴責聲中，ＳＢ公司的大名傳遍了整個日本。精明的ＳＢ公司在飛臨富士山的前一天，又在報紙上發表聲明，決定撤銷原來的計畫。日本民眾欣喜若狂，以為是他們的聲討發揮作用，而ＳＢ公司也同時在慶祝自己的勝利。因為這一切都是總裁虛張聲勢的計謀，不是真的要把咖哩粉撒到富士山上。他完全料到了這則啟事招徠的輿論壓力，因此決定用這種看似瘋狂的舉動引來日本民眾的關注，讓他們牢牢地記住ＳＢ的名字，並且誤以為這是一家實力極其雄厚的企業。這個出人意料的舉措，果然讓ＳＢ公司名聲大噪，並且在人們心目中樹立了「財大氣粗」的形象。許多企業紛紛前來與ＳＢ洽談業務，幾年之後，ＳＢ公司果真一躍成為國內外享有盛譽的公司。

「聲東擊西」的使用方法也各異，成敗的關鍵在於攻方的「聲東」是否能讓防禦方完全相信，或迷惑其意志，或故布疑陣，使對方力量分散，使其減弱「西面」的防禦甚至完全放棄對「西面」的防範，進而達到自己的目的。

「聲東擊西」之計可以有以下幾種使用方式：

一是忽東忽西牽制敵人。不固定我方的進攻方向，時而向東，時而向西，一會兒在這裡，一會兒在那裡，把敵方弄得暈頭轉向，無法確定我方的主攻方向和真實意圖，只好被動設防。時間一長必然只有招架之力，而無還手之力，我方便可利用時機大獲全勝。

二是即打即離迷惑敵人。我方時而主動攻戰，時而遠遠離開。敵方以為我方要打時，我方不打；敵方以為我方不打，我方卻突然發動襲擊。以致敵人無法部署戰前準備，失敗也就在所難免。

三是發動佯攻蒙蔽敵人。我方故意向甲地發動進攻，吸引敵人的注意力，等敵人把兵力全部調到甲地時，我方突然在乙地發起猛攻。敵人知道後，為時已晚。

四是避強擊弱襲擊敵人。在我方飄忽不定的進攻下，敵人無法制定準確的進攻計畫，我方就避開了敵之鋒芒，乘機猛攻敵人的薄弱環節，讓其無力應對，妥協就範。

「聲東擊西」歷來受到中國兵家的重視，但是如果此計運用不好，被對方發現自己的真實意圖，則會搬起石頭反砸到自己的腳。

秘密與主動是處事的最高手段，公開等於不設防，被動必然受牽制。不管在戰場、商場還是政治舞台上，「聲東擊西」之計都處處可見，隨時可用，種類繁多。別人對我們實施「聲東擊西」之計時，我們應該採取一些防範對策來應對。首先，要盡可能前後呼應，防備不測。為各個方向的部隊建立良好的即時聯繫，這樣一處受到攻擊時，另一處就可以立刻趕到救援，有效應對敵人的陰謀。其次，敵人偽裝得再隱蔽，也會有蛛絲馬跡露出來，勤於觀察善於分析，總可以發現破綻。最後，多換位思考，謹防被詐。經常站在敵人的立場上進行思考，設想如果自己是對方會採取怎樣的行動，然後觀察敵人的所作所為是否與自己所設想的相同，如果完全相反，就要防備敵人是否有詐了。

出奇制勝，勝利在握

在一次進攻中，一隻狼瞄準了一頭麝香牛。麝香牛拼命向一片叢林跑去，狼在後面窮追不捨，忽而衝到左邊，忽而衝到右邊，極力控制牠的逃跑路線，最終把牠逼到一處深谷的邊緣。麝香牛無路可逃，又不敢反擊，只好呆呆地站在原地。由於深知狼的捕獵方法，牠盡量把頭抬得高高的，把後背弓起來，不讓狼咬到這些地方。但這隻狼突發奇想，箭一般地衝過去，一口咬住牠的後腿。麝香牛的身體失去平衡，一頭栽進了深谷，狼跟了過去，毫不費力地享用了美餐。

狼的這種聲東擊西、出奇制勝的捕獵方法，值得我們學習。聲東擊西，以奇制勝，「聲東」是為了「擊西」。「聲東」是假，「擊西」才是真。

一位推銷員去拜訪某公司的董事長，試圖推銷一批產品，不料碰了一鼻子灰。推銷員苦思冥想，突然記起當他走進董事長辦公室時，女秘書突然探進頭來說：「真抱歉，董事長，今天沒有收到信件，所以沒弄到好看的郵票給你！」推銷員一打聽，原來是董事長十二歲的兒子正在集郵，女秘書每天都要從各地的來信中挑一些特別的郵票送給他。

第二天下午，推銷員又去找董事長，告訴他是專程送幾張精美郵票給他兒子。一聽是精美郵票，董事長馬上站起來熱情相迎，推銷員恭敬地將郵票遞給董事長。董事長接過郵票，連連稱讚：「我從來沒見過這樣的郵票，我兒子一定喜歡！」興奮之餘，他主動把兒子的照片拿給推銷員看，推銷員趁機誇獎董事長的兒子聰明可愛。兩人間彼此很投機，又談起集郵的心得和趣聞，足足談了半個多小時。最後，沒等推銷員開口，董事長便主動訂購了一大批產品。

推銷員明著是給兒子送郵票，其實是迎合董事長的心意；明著是誇獎兒子，實則稱讚董事長；看起來是投父親和兒子所好，其實是想要董事長手裡的鈔票。此種「聲東擊西」法，確實是職場中常用的有效計策。

以下這一例妙用也有代表性：

一個苦心經營了三十年的三流導演，到頭來功不成，名不就，於是便打算做點副業，為家裡填補家用，順便也改善生活。一番精心調查過後，他決定涉足此時正熱門的服裝生意。當他得知某服裝店經理是一位從藝術學院畢業以後改行經商的大學生，此前還做過幾年話劇演員時，激動的心情便油然而生：「真是天助我啊！」

不過，他沒有直接找經理推銷服裝，而是巧妙地以在商店裡尋找臨時演員，拍一些電影鏡頭為由，慢慢接近他。拍攝中，導演主動邀請經理做現場指導，以便勾起他對過去藝術生活的回憶，拉近兩個人的距離。經理一聽要拍電影，竟然躍躍欲試，想要扮演其中的某個角色。導演見事情已經成功了一半，心頭一喜，便故意有些為難地說：「扮演角色這件事恐怕不太好辦，想要出演這部片子的人很多，而且還是一些又有名氣又有實力的人。不過既然你開口了，我一定會想辦法促成這件事，我們是什麼關係，你說呢？」之後，導演巧妙地給服裝店經理安排了一個無足輕重的角色，經理極其滿意，於是爽快地從導演那裡訂購了一大批服裝，為導演的服裝推銷生意開個好兆頭。

故事中的導演「聲東擊西」，想要推銷服裝，卻假裝拍起電影，無非是料到這種方式很容易讓服裝店經理「上鉤」，於是製造假象，迷惑對方，並順勢滿足了經理做演員的願望，對方的心願達成，事情就會好辦很多。「聲東擊西」之計，實屬在銷售行業極其實用，運用也極為廣泛的計謀之一。

虛實價格戰，真假藏智謀

商業對決，利益交鋒，充滿變化的殺機，如果按照慣常的方式進行各種經營活動，就會受制於人，處於被動狀態。一些經營商家從不按常理出牌，而是採取虛虛實實、真真假假的手段，聲東擊西，迷惑對手，達到出奇制勝、打敗對手的效果。

「聲東擊西」是三十六計中的第六計，原文是「敵志亂萃，不虞，坤下兌上之象。利其不自主而取之」。該計的含義是：敵人處於心迷神惑、行為紊亂、意志混沌的狀況，不能提防突發事件，即出現萃卦所展示的水漫於地上的現象；利用他們的心智混亂無主張的機會，消滅他們。「聲東擊西」其實是對《孫子兵法》中「出其不意，攻其不備」思想的具體化運用，是古今中外戰爭中最為常用也最易成功的計謀之一。

西元前二〇五年四月，漢王劉邦兵敗彭城，退到滎陽、成皋一線與項羽相持。五月，原與劉邦結盟的魏王豹背漢降楚，派大將柏直、馮敬扼守黃河臨晉渡口，企圖阻擋漢軍北進。八月，劉邦為了消除身後之患，任命韓信為左丞相，率曹參、灌嬰二將，領兵伐魏。

韓信率領大軍來到臨晉渡口，遙見對岸魏軍把守很嚴，不好強攻，於是就下令暫且安營紮寨。一面派人收集船隻，與魏軍隔河相距；一面派探馬暗察上游地勢。不久，探卒來報，說上游夏陽地方，魏軍防守很鬆。韓信就帶領曹參、灌嬰二將前去察看地形，但到夏陽實地一看才明白為什麼魏軍不在此防守了，只見夏陽河段，水深灘險，洶湧澎湃，別說是行船就是羽毛只怕也很難浮起來，而且河中布滿了礁石，船隻根本無法通行。曹參、灌嬰二將看後都搖頭作難，韓信卻皺眉苦思了好一陣。回到漢軍營地，韓信仍然決定利用夏陽河段，採用聲東擊西之計，出其不意擊敗魏軍。當即，傳來曹、灌二將，命曹參領兵上山伐木，大小都行，越快越好；又令灌嬰帶人前往市場，購買數千瓦罌，每個瓦罌能容納二石的物品。二人聽後，都感到很意外，一齊問道：「將軍要這些東西有什麼用？」韓信說道：「二位不必急問，到時自知。」二人奉命退出，分頭行事。

兩天之後，曹參、灌嬰二人將所需物品都辦齊了，就向韓信覆命。韓信又命令道：「你二人再將所備物品製成木罌，製法均在這封函中。製成以後，立刻回報。」說完，將一封函信交到二人手中。二人受命出帳，馬上指揮將士，按函中要求，用四木夾住一個瓦罌，捆綁牢固，然後再將木罌用繩連起，數十個連成一排，分別連成數十排。由於日夜趕製，幾天後，木罌已經製造完畢。

韓信見準備工作已經做好，等到黃昏，又招來曹、灌二將，命灌嬰率領數千人馬，守住前些天收集來的船隻，命令士兵只准擊鼓吶喊，不准擅自渡河，違令者斬。而他自己則與曹參統領大隊人馬，暗中搬運木罌，連夜趕到夏陽。然後指揮將士把木罌放入河中，每個木罌內載二至三人，用槳划水，緩緩向對岸渡去。因為木罌體輕，浮力又大，四周都是木頭，即使撞到河中礁石也不會破損，因此順利渡過了這段險峻的河段。

與此同時，扼守臨晉渡口的魏將柏直、馮敬，突然聽到對岸漢軍鼓響如雷，喊聲震天，只當韓信要強行渡河，急忙調動人馬，嚴密注視對岸動靜。他們哪裡知道，對岸漢軍只是虛張聲勢，而漢軍真正的主力正在韓信指揮下，在他們認為灘險水急、難以行船的夏陽，用木罌徐徐渡過了黃河。

漢軍過了河，魏軍尚未發現。韓信率領大軍，以迅雷不及掩耳之勢，下東張，拔安邑，直逼魏都平陽。魏王豹兵敗後，逃到東垣，被漢軍包圍，魏王豹走投無路，只好下馬就擒。不到一個月，韓信就平定了魏地。

韓信伐魏首戰成功就是運用聲東擊西這種戰術。韓信在臨晉渡口布置了一部分兵力，虛張聲勢，給敵人造成一種假象，目的正在於掩蓋自己的真正意圖，然後率領主力，從魏軍意想不到的地方，用常人意想不到的工具——木罌，載軍過河，將魏軍打了個措手不及。

聲東擊西、虛張聲勢，也是商家常用的手段之一，這個方法在現代商業活動中發揮神奇的效力，運用此計，商家們在與對手的角逐中往往得手，獲得商戰的最後勝利。

在經營活動中，運用聲東擊西的計策給對方造成錯覺，偽裝自己的真正意圖，往往會取得成功。在激烈的企業競爭環境下，一定要會運用奇謀妙計以克敵制勝，實際要怎樣發展，反而要顯示給競爭對手相反的情形，不斷地製造煙霧迷惑競爭對手，在競爭對手的思路與戰略有些混亂的情況下發起突襲，若競爭對手實力非常強大，就不要與其正面交鋒，要採用一切策略，使競爭對手內部發生錯誤直至混亂。要尋找競爭對手的空隙和薄弱環節，在其還沒有意料時出奇制勝。

狼的這種聲東擊西，出奇制勝的捕獵方法，值得我們學習。聲東擊西，以奇制勝，「聲東」是為了「擊西」。「聲東」是假，「擊西」才是真。

第九章

保存實力，果斷放棄

先退後進，以退為進

在草原上，每隻狼都明白，如果自己只是一隻羊，面對草場急劇減少的現狀，自己想吃的不再僅僅是草，牠會磨尖牙齒，去尋找生肉。正因為狼非常懂得進退的尺度，懂得如何保護自己，因此牠們能在競爭激烈的環境中生存下來。這是一種本能，也是一種智慧。

一個人在社會上與人相處，要權衡各方面的輕重利弊，洞察事情背後隱藏的各種危機跡象，經常變換著各種處世方式，時而前進，時而隱退。急流勇退，未必是懦弱無能的表現，未必就是遇難畏懼、臨陣脫逃的藉口。有時候，急流勇退正好是心靈高度的跨越，睿智思索的最佳抉擇。學會放棄，學會急流勇退，棄舊圖新，自己的生活就會有一個新的起點。

范蠡是楚國宛人，年輕時就顯示出不同凡響的才智。為了不苟同於世俗，躲避凡夫俗子的妒忌、非難，就佯裝狂癡，潛心博覽群書，探討濟世經邦之策。

勾踐即位後，大夫文種到宛訪求人才，聽說范蠡時癡時醒，便斷定他是一個非凡人物，於是他親自前往拜訪。開始時，范蠡不知道文種是否有誠意，於是一再迴避。後來看到文種求賢若渴，就對他的兄嫂說：「這幾天有客人要來，請借衣冠相候。」果然，文種又來造訪范蠡。他們倆志同道合，促膝長談，縱論霸王之道。文種將范蠡舉薦給勾踐，成為勾踐的股肱之臣。

吳國厲兵秣馬，越國也磨刀霍霍。勾踐在范蠡等大臣的精心輔佐下，革新內政，國力日益強大。面對威脅日益嚴重的吳國，越國企圖採取先發制人的策略，一舉打敗吳國。

西元前四九四年，已經到吳國夫差發誓報仇的時候，勾踐急於先舉兵攻吳。范蠡極力反對。他深知越國的實力還不足以打敗吳國，更何況作為勝利之師，越國還驕悍輕敵，於是勸阻勾踐說：「天道充盈而不溢出，強盛而不驕悍，不勞而矜其功，實在是逆於天而不和人。若是強行去做，一定會危及國家，害及己身。」勾踐不聽，發兵攻吳。兩國軍隊在夫椒進行決戰，吳軍大勝，直搗越國境內，佔領越國首都，迫使勾踐率五千殘軍退守會稽山。

這時，越國已經處於生死存亡的緊急關頭。勾踐身陷絕境，身邊都是殘兵敗將，亡國的恐懼不由襲上心頭。他神情淒然地對范蠡說：「我不聽先生之言，自尋禍患，現在應該怎麼辦？」

范蠡非常沉著地說：「目前，宜卑辭厚禮，賄賂吳國君臣。倘若不行，可屈身以事吳，等待轉機。」

勾踐在夫差允諾他投降之後，就親自帶領妻子和大臣范蠡去吳國侍候吳王夫差。他們在吳國三年，受盡屈辱，用盡心機，最後終於贏得了吳王的信任。三年之後，勾踐被放歸故里。回國之後，越王就經常把苦膽放在床頭，坐著躺著的時候都仰頭看看苦膽，喝水吃飯時也嘗嘗苦膽，經常問自己：「你忘了會稽之恥了嗎？」他還勵精圖治，親自耕種，虛心向有才德的人求教，優待賓客，救濟百姓，與人民共渡艱難，最後終於打敗了吳國，並且使越國成為諸侯國中的霸主。

范蠡追隨勾踐二十多年，獻計獻策，忠心耿耿，屢建奇功。勾踐稱霸後馬上封他為上將軍。滅吳以後，越國君臣設宴慶功，范蠡看到群臣皆樂，唯獨只有越王勾踐鬱鬱寡歡，立即猜到了勾踐的想法。俗話說，飛鳥打光了，好的弓箭該收藏起來了；兔子打完了，就輪到把獵狗燒來吃了。越王為人長頸鳥喙，鷹眼狼步，可以共患難，不可以同安樂，況且一個人在名聲很大的情況下，很難永保安寧。

他們從北方回到越國之後，范蠡上書給勾踐，說：「你知道我對功名利祿看得很淡，當初是你的誠意和友情感動了我，我才來協助大王成就大業。如今，這些都已經實現了，請允許我辭官。」

勾踐見到此書，氣惱地把范蠡叫來，說：「你和我一起復興了越國，我們應該共享富貴，我正準備拿出一半國土分封給你，你怎麼能離開？難道你不相信寡人？如果真是這樣，我是不會放過你的。」

范蠡答道：「君王當然可以實行自己的命令，但是我也要實現我的意願。」不過，范蠡看到事情可能弄僵，只好口頭上暫且答應。范蠡回到家中，趕緊打點行裝，當天夜裡，帶著家人悄悄出城，乘船北上到了齊國。

他改名換姓，自稱「鴟夷子皮」，在齊國海畔定居下來，買了一塊地，帶著家人過著農耕生活。由於他善於經營，很快就致富了。這時，齊王下令地方官薦賢，當地官員把「鴟夷子皮」推薦給齊王。齊王認為他才能出眾，過了一段時間就要授予他宰相職位。范蠡歎息道：「住在家裡就累積千金財產，做官就達到卿相高位，這是平民百姓能達到的最高位了。長久享受尊貴的名號，不吉祥。」於是他潛逃回到家中，把家財分散給當地的鄉親們，攜全家悄悄離開齊國，到了宋國的陶邑，改名自稱陶朱公，以經商為業。不久，他又成為當地的富豪，資產巨萬，遠近聞名。

自從范蠡不辭而別之後，大夫文種非常孤單，又見勾踐日夜享樂，不像原來那樣敬重自己，深感前途渺茫，心灰意冷，經常稱病不上朝，於是有人向勾踐進讒言，誣告文種企圖謀反。儘管文種反覆解釋，都無濟於事。越王勾踐賜給文種一把寶劍，說：「先生教我七種計謀征服吳國，寡人只用了其中三種就打敗了吳國。還有四種計謀留在你那裡，請去跟隨先王，試行餘法吧！」再看所賜之劍，乃是吳王當年命伍子胥自裁之劍，這真是歷史的莫大嘲弄。

范蠡不貪功利，兩度逃官，正說明他懂得功高震主的道理。退而歸隱，終於避免了在殘酷的政治鬥爭中喪生。范蠡功成身退，雖然說是他所採取的遠避禍患的一種對策，但能夠在紛繁的政治鬥爭中看輕功名利祿，決然退出歷史舞台，也是不容易的。

功成名就之後要懂得明哲保身。有識之士在榮譽面前居安思危，在錯誤面前也承擔責任，絕不見功勞就搶，見錯誤就推，只有具備這種素養，才能算得上是完美和清高的人。相反，迷戀名位而至死不悟的人，是很悲哀的。

退一步未必就是失敗，有時候，退一步是為了進兩步，甚至是三步、四步。五代後梁高僧契此，俗稱布袋和尚，曾經作過這樣一首偈子：

> 手把青苗插滿田，低頭便見水中天。
> 六根清淨方為道，退步原來是向前。

這是對人生處世以退為進的一個很好的概括。在我們的人際交往、生活事業中，有時看似退步了，實則是前進了。

在社交場合中，保持強硬的口氣固然重要，但當個人在某些方面確實做錯，不妨坦然地鬆一鬆口，接受別人的意見，反而會給別人一種豁達的感覺。同時，你也在無形之中取得意想不到的收穫。

我們在處理複雜的人際關係時，難免會碰到一些性格倔強或一時衝動的人，在別的方法難以奏效時，可以試試以退為進的方法。

果斷放棄，保存實力

狼生活在草原上，就處於這個巨大的生物鏈中，各種生物都擺脫不了吃或被吃的命運，狼也一樣，免不了受其他動物的攻擊。狼在遇到比牠還凶猛百倍的動物時，會想盡一切辦法逃生，甚至可以咬斷自己的傷腿，進而保存實力，保全生命。幾千年過去了，草原狼頑強地生活了下來，靠的就是那股血性，讓人感覺頗有壯士斷腕之感。

果斷放棄，保存實力。忍痛割愛才能避免全盤皆輸。形勢所迫時，做棄小取大的決定也是需要勇氣的。

一九一八年年初，帝國主義為了扼殺新生的社會主義國家蘇聯，聯手對其發動了武裝干涉，並且很快攻佔蘇聯的大片領土。四月二十五日，德軍入侵克里米亞半島，將予以反擊的蘇聯黑海艦隊圍困在了塞瓦斯托波爾港內。幾天後，黑海艦隊奉命冒險突圍，不料德軍佔據在港口的制高點，以密集的火力向蘇聯戰艦射擊。蘇軍遭受攻擊的兩艘戰艦僥倖逃脫，其餘的戰艦被迫退回港內。

五月上旬，迫於形勢，黑海艦隊全體轉移到了塞瓦斯托波爾港內側的一個軍港裡。由於軍港無法滿足七十多艘戰艦的物資供應，不久，兩千多名官兵身陷絕境。而此時，蘇聯全線吃緊，無法抽調軍事力量援助黑海艦隊。氣勢洶洶的德軍趁機對蘇軍下達最後通牒，聲稱如果黑海艦隊不全體投降，就馬上對其發動毀滅性的攻擊。

列寧立即召集蘇聯政府的高級領導人緊急磋商，制定對策。很多人主張：黑海艦隊應該就地堅守，與德軍決一死戰。列寧則認為，英勇善戰的黑海艦隊官兵是蘇聯的寶貴財富。在目前這種形勢下，如果與敵人硬拼，結果必然是艦隊官兵全部獻身，而戰艦淪為德軍的戰利品。與其這樣，不如放棄反抗，保全艦隊的廣大官兵，避免無謂的犧牲。同時，讓官兵親自毀掉戰艦，不讓它們落入敵手，成為敵人攻擊蘇聯的武器。在列寧的堅決主張之下，蘇聯政府最終做出大膽的決定：讓黑海艦隊全部自沉。

六月十八日，黑海艦隊兩千多名官兵巧妙脫險。在離開以前，他們炸毀了戰艦，黑海艦隊七十多艘戰艦全部自毀沉沒。德軍發動進攻後，卻只見到黑海艦隊官兵遺棄在岸上的少量物資設備，連一艘可以使用的艦船都沒有找到，大失所望。

在當時緊迫的情況下，黑海艦隊勢必要亡。要麼沉於海，要麼陷於敵手。自沉艦隊，對於蘇軍來說，固有不捨，但不沉不僅救不了軍隊，艦船落入敵手害處會更大。蘇聯政府「李代桃僵」的決策，不僅最大限度地保存了軍隊的力量，還使敵人沒有絲毫便宜可得，可謂英明。

政治鬥爭十分殘酷，在不得已的情況下，可以採取「丟車保帥」，進而保存實力，以換取更大的勝利。

春秋末期，齊國大夫田成子獨攬大權，當時齊國正面臨內外交困的局面，在內百姓怨聲連天，在外各諸侯國不服，田成子一直苦無良策。

這時，越國又以他篡權諸侯為由，準備出兵攻打齊國。田成子慌了手腳，急忙召集幕僚商量對策。有人說：「越國來犯，實在欺人太甚，我國兵力雖不如越國強大，但如果動員全國軍民，共同抗敵，還是有希望的。」有人說：「時下國內人心晃動，許多臣民還沒有來得及享受到大王的恩惠，恐怕許多大臣和民眾都不願意傾城出動。」有人建議：「大王何不效仿他國，割讓幾個城池給越國，興許可以化干戈為玉帛。」田成子在心裡琢磨：傾城出動迎敵，不僅耗費太大，而且不一定能取勝。現在自己地位還不穩定，說不定還會出現反戈一擊的局面。割讓城池也非上策，自己掌權不久，就捨城棄池，將來沒有建立威望的基礎，一定後患無窮。

正當田成子殫精竭慮時，他的哥哥完子獻出一計：「我請求大王准許我率領一批精兵強將出城迎敵。迎敵一定要真打，打一定要戰敗，不僅戰敗，而且一定要全部戰死。如此，可退越兵，保全國家。」此言一出，滿座皆驚，田成子不解地問：「出城交戰可以，可是一定要敗，敗還一定要死，我就不明白了。」完子從容地答道：「你現在佔據齊國，老百姓不瞭解你的治國本領，也沒有看到你的政績。人們私下議論紛紛，說你是竊國之賊，於是不願意為你打仗。現在越國來犯，又有許多驍勇善戰之臣，認為我們蒙受了恥辱，急於出兵迎戰。這樣混亂的齊國實在令人擔憂。」「兄長所言極是，可是為什麼非得你去主動戰死才能保全國家？難道沒有其他方法嗎？」田成子面對仁愛又勇猛的哥哥，苦思不得其解。完子說：「越國出兵無非是要在諸侯面前顯顯威風，撈個正義的名聲。以它現在的實力完全吞併我們還不可能，我帶領一批賢良之士，出城迎敵，戰而敗，敗而死，這叫以身殉道。越國一看殺死了大王的兄長，教訓我國的目的達到了，就會退兵回城。隨我戰死的那些人也如了為國捐軀的心願，這樣一來，國內的人心也就穩定了。所以，依我來看，這是最好的救國之道。」

田成子一邊聽一邊落淚，無奈，聽從了兄長的建議，哭著為他送別。完子以身殉道，最終救了齊國。

在這個故事裡，完子正是在權衡各方面利弊之後，果斷決定「李代桃僵」，以己之死，保全國家，才最終讓齊國得以安定。

讓步是明智之舉

狼是攻擊型動物，但是牠們也知道，與大型動物爭強鬥狠，最後只會導致兩敗俱傷的結果。如果明智地做出讓步，有時會取得意想不到的效果。

這種讓步不是盲目的屈服，更不是軟弱的退卻，而是在分析可行性的基礎上，做出的最英明的選擇。

進化論的提出者達爾文，從小就對大自然產生濃厚的興趣。但是他中學畢業時，卻按照父親的意願進入神學院學習。在經過一段時間的學習後，他還是不能忘記自己喜歡的東西，對於這些枯燥的經文，學習起來就如同嚼蠟，極度苦澀。他的心情失落到了極點，就在這樣的情況下，他決定放棄，放棄學習經文，放棄神學院的教導。他決定跟隨「小獵犬」號巡洋艦做環球旅行，開始他對物種新的探索。放棄，鑄造了他的成就，使達爾文成為科學史冊上不可忽略的名字。

我們都知道一句俗語，「明知山有虎，偏向虎山行」，大意是說一個人遇到困難時不能有畏懼退縮的心理，而應知難而上，奮勇向前。其用意是正確的，但是從另一方面來說，一個人如果不顧自身的條件和所處的局勢，不知好歹地向前衝，最後會弄得身敗名裂的下場。

韓信是中國西漢初著名的軍事家。劉邦得天下，軍事上全依靠他。他是一個率百萬大軍，戰必勝、攻必克的軍事天才。但韓信對為臣之道很不精通，他自恃有才，在軍中威望極高，以致當時軍中兵器均刻上「不殺韓信」四字。韓信也自恃功高，劉邦不敢殺他。但劉邦得天下後，恐韓信造反，無人能敵，又見韓信十分狂傲，終於動了殺機。

最後，韓信被好友蕭何誘至宮中，死於呂后的菜刀之下。臨死前，韓信才大悟，後悔當初沒聽蒯徹之言。

「狡兔死，走狗烹」，歷史已經無數次證明這個真理。因此，可以與之打天下，不可與之共用天下。這才是顛撲不破的真理。像孫武一樣，解甲歸田才是明智之舉。

孫武，原本是齊國人，姓田。他的祖父是齊國的大夫，在戰爭中立過大功。後來，由於田氏家族與其他家族之間發生爭鬥，結下仇怨，家庭遭遇不幸，孫武為了避難，於是逃到吳國。

孫武來到吳國以後，一面帶領人墾荒種地，發展農業生產，一面精心研究軍事戰爭。孫武幾十年如一日，不辭艱辛地鑽研軍事，而不求揚名於世。

西元前五二二年，楚國的大臣伍子胥被楚平王追殺，逃亡到了吳國，投奔了吳王僚，後來被吳王僚的堂兄公子光收為心腹。公子光因為屬於他的王位被吳王僚所得，早已心懷怨恨，一直預謀伺機奪回王位。伍子胥投奔公子光後，公子光發現伍子胥有過人的才智，大喜過望。但是，想要完成奪取王位這樣的大事，僅有伍子胥是不夠的，於是公子光派伍子胥四處訪賢，尋找人才。

孫武隱居在吳國，伍子胥對此早有所聞，終於找到一個機會去拜見他。伍子胥與孫武見面以後，以十分誠懇的態度和孫武交談。伍子胥說：「我聽說先生研究兵法已經很久了，能否給予指教？」孫武謙遜地說：「我不過為了減少一些田野生活的寂寞，看一看先人打仗的故事，哪裡能談得上研究？你過獎了。」伍子胥一向富於心計，所以在談話的過程中，盡量避開一些敏感的話題，只是以仰慕的口吻，向孫武討教一些問題。

過了一段時間，伍子胥再次拜訪孫武。孫武將伍子胥請到了內室，伍子胥繼續以更誠懇的態度說：「我身懷大仇，亡命吳國，不知道未來是什麼樣子，只是生來就願意結交天下豪傑，願意聽從賢士指教，先生能否滿足我？」孫武見伍子胥確實是以誠相待，如果再推辭，就說不過去了，於是和伍子胥談起了自己多年來研究軍事戰爭的心得體會，並列舉了許多戰例，嚴密細緻地分析成敗的原因。

透過這次交談，伍子胥更是覺得，想要使吳國強盛起來，父兄之仇得以雪恨，自己的抱負得以實現，非孫武的幫助不能。

精誠所至，金石為開。在伍子胥的精誠感動下，孫武，這位有蓋世奇才的軍事家，終於走出田園山野，步入政壇，到吳國做了軍師。

西元前五〇六年，吳楚兩國爆發了一場大的戰爭，在這場戰爭中，孫武非凡的軍事才能得到充分發揮。孫武針對楚國的情況以及吳國的實力，制定出一套切實可行的作戰計畫，在糧草的準備和調兵遣將上都做了精細的安排。

楚國得知消息後，也做了充分的準備。楚王命沈尹戌全面分析吳楚兩國軍隊的情況，並預測開戰後可能出現的各種局面，在全面分析預測的基礎上，制定克敵制勝的策略。

沈尹戌根據己方所處的地勢，命令手下大將囊瓦率兵鎮守漢水南面，主要控制戰船，然後乘亂襲擊吳軍。戰鬥開始後，囊瓦迅速過江從正面向吳軍發起進攻，這樣一來，吳軍就處於左右受敵、背水一戰的不利境地了。他所採用的這種戰術，可以說是制勝良策，如果可以實施，必能大敗吳軍。然而，孫武早已料定沈尹戌會這樣做，就將計就計，等囊瓦發現已太晚了。在吳軍的兩面夾擊下，楚軍實在難以抵擋，死傷無數。楚軍大敗，吳軍大獲全勝。

十幾年的戎馬生活，孫武為吳國的興旺強盛做出重大貢獻，尤其在伐楚的戰爭中，更是勞苦功高。戰爭結束以後，吳王闔閭大宴群臣，把酒言歡，論功行賞，封官晉爵。吳王徵求眾臣意見，誰的功勞最大，眾臣一致認為首功非孫武莫屬。眾臣們推舉，正合吳王心意，所有受賞的將臣中，孫武的賞賜是最豐厚的。

然而，出乎吳王闔閭的預料，孫武堅決不受吳王的封賞，而後又提出辭呈要告老還鄉，解甲歸田。對此，眾人都大惑不解。

孫武說：「我本是鄉野之人，承蒙大王厚愛，深感榮幸。為吳國征戰，我只是盡了一點作為臣子應盡的義務，高官厚祿，實在愧不敢當。這些戰功、政績的取得，都是大王的功德無量啊！如今，我年事已高，請求大王恩准，讓我回歸田園，過平淡的生活。」

回想十幾年的朝夕相處，闔閭十分瞭解並欽佩孫武的為人和不貪功名利祿的高貴品格，闔閭十分敬佩。現在，江山坐定，萬象更新，闔閭實在不願孫武此時離開他，怎奈孫武去意堅決，任憑吳王如何好言相勸，終究不能使孫武回心轉意。

人生往往就是如此，在一進一退之間，既可以成就一段精彩的人生，同樣也可以使那唾手可得的成功在瞬間灰飛煙滅。這取決於個人在進退之間所作的取捨。因此，不論處於何種情況，既要做好奮力前行的準備，又要有全身而退的計畫，在一進一退之間遊刃有餘，獲得最大限度的利益。

條件不成熟或不具備時，狼就採用以退為進的戰術，主動放棄目標，等待時機成熟再向獵物進攻。人們在談到成功之道時，強調要有一種勇往直前的精神，一種積極進取的精神。

但是有時候，硬衝硬打未必是一種最好的方法，以退為進也是一種人生的策略。人生追求的是圓滿自在，如果只知前進不懂後退的人生，它的世界只有一半；因此，懂得「以退為進」的哲理，可以將我們的人生提升到擁有全面的世界。

心學堂 30

狼道

企劃執行　海鷹文化
作者　凡禹、宋洪潔
美術構成　騾賴耙工作室
封面設計　南洋呆有限公司
發行人　羅清維
企劃執行　張緯倫、林義傑
責任行政　陳淑貞

出版者　海鴿文化出版圖書有限公司
出版登記　行政院新聞局局版北市業字第780號
發行部　台北市信義區林口街54-4號1樓
電話　02-2727-3008
傳真　02-2727-0603
E-mail　seadove.book@msa.hinet.net

總經銷　知遠文化事業有限公司
地址　新北市深坑區北深路三段155巷25號5樓
電話　02-2664-8800
傳真　02-2664-8801

香港總經銷　和平圖書有限公司
地址　香港柴灣嘉業街12號百樂門大廈17樓
電話　（852）2804-6687
傳真　（852）2804-6409

CVS總代理　美璟文化有限公司
電話　02-2723-9968
E-mail　net@uth.com.tw

出版日期　2024年05月01日　一版一刷
　　　　　2024年05月05日　一版五刷
定價　380元
郵政劃撥　18989626　戶名：海鴿文化出版圖書有限公司

國家圖書館出版品預行編目（CIP）資料

狼道：生存第一，是這個世界的唯一法則！
／ 凡禹, 宋洪潔作.
-- 一版. -- 臺北市 ： 海鴿文化，2024.05
面 ； 公分. -- （心學堂；30）
ISBN 978-986-392-522-4（平裝）

1. 職場成功法

494.35　113004377

SeaEagle

SeaEagle